U0394255

精益开发与看板方法

LEAN SOFTWARE DEVELOPMENT:
UNDERSTANDING KANBAN METHOD

李智桦 著 李 淳 审校

清华大学出版社
北 京

内 容 简 介

本书作者从事软件开发多年，善于吸取敏捷和精益这两种开发方法的精髓，对看板的理解和应用具有实用而丰富的经验。他在本书中依托精益开发中的主流工具，介绍了看板的概念、遵循的基本原则、看板的适用范围和具体使用等。

精益软件开发是当下软件开发项目的主流。看板可以使得精益理念落实并贯穿于整个开发流程，从而提高应变能力、减少无谓的资源及时间浪费、完全发挥团队的开发效能。本书适合所有软件从业人员（从项目经理到工程师）阅读，可以帮助他们从容应对千变万化的客户需求。

北京市版权局著作权合同登记号　图字：01-2015-5509

版权所有，侵权必究。侵权举报电话：010-62782989　13701121933

本书封面贴有清华大学出版社防伪标签，无标签者不得销售。

图书在版编目(CIP)数据

精益开发与看板方法/李智桦著. --北京：清华大学出版社，2016(2019.9 重印)

ISBN 978-7-302-42356-0

Ⅰ. ①精…　Ⅱ. ①李…　Ⅲ. ①软件工程　Ⅳ. ①TP311.52

中国版本图书馆 CIP 数据核字(2015)第 296157 号

责任编辑：文开琪
装帧设计：杨玉兰
责任校对：周剑云
责任印制：丛怀宇

出版发行：清华大学出版社
　　　　　网　　　址：http://www.tup.com.cn，http://www.wqbook.com
　　　　　地　　　址：北京清华大学学研大厦 A 座　　邮　　编：100084
　　　　　社 总 机：010-62770175　　　　　　邮　　购：010-62786544
　　　　　投稿与读者服务：010-62776969，c-service@tup.tsinghua.edu.cn
　　　　　质量反馈：010-62772015，zhiliang@tup.tsinghua.edu.cn

印 装 者：北京九州迅驰传媒文化有限公司
经　　　销：全国新华书店
开　　　本：185mm×230mm　　印　张：14　　字　　数：305 千字
版　　　次：2016 年 1 月第 1 版　　　　　印　　次：2019 年 9 月第 2 次印刷
定　　　价：49.00 元

产品编号：066890-01

推荐序 1

活用敏捷及精益观念——大有用途，并不只限于在软件项目中使用！

敏捷及精益的议题这几年来快速地兴起，然而这些观念及方法不只是应用在软件开发上，现在也跨界了，例如目前热门的精益创业（Lean Startup），用敏捷及精益的方式及精神进行新创事业，在软件这个行业，我自己也是程序开发出身，曾经担任系统分析及项目经理，目前从事的是产品营销及技术推广工作，也在向不同领域的软件团队推广敏捷及精益开发，**当我愈是深入了解敏捷的精神，愈是深深觉得人人都应该有敏捷及精益的观念**，不只是开发者及 RD 应该了解，包括营销、支持部门及管理层主管若也能有敏捷的观念，工作上应更能得心应手。另一个跨界应用是敏捷营销（Agile Marketing），早已有营销界的达人应用敏捷规划方法来执行营销计划，有兴趣者可自行上网找到相关数据。因此，当听说李智桦老师打算写一本关于精益及看板方法的书籍，将其多年的实践经验分享给软件研发的伙伴们时，我着实感到兴奋！

你可能也听过这些名词，比如敏捷（Agile）、精益（Lean）、看板（Kanban）等，有些人第一次听到这些名词可能以为又是什么伟大的管理方法，其实敏捷及精益是非常注重实用性的，也不是只能照本宣科套用到每一个团队中，但一些共通的精神及观念构成了所谓的中心思想或敏捷思维，比如下面的例子。

- **认知市场及需求会不断地变动**

  第一次听李智桦老师（Ruddy）演讲关于敏捷及精益开发时，开门见山就提到这个观念。你是否曾经与使用者（user）谈谈，辛苦做完系统分析，但上线后他们却认为这不是自己想要的呢？这是软件工程中老生常谈的话题，工程师常常抱怨"客户又改需求了。""这不是上次访谈中确认的规格吗？为什么又要改了？"然而一个真正有敏捷精神及心态的专业工作者，应该反过来先认清"需求"是会不断地变动的，因为这个世界、技术、你的竞争对手、市场一直在变化，你无法冻结它，该做的是在可变动的范围保留一定的弹性，并且设定执行的优先级。

- **精益思维中所谓的"减少浪费"**

  按照精益原则，**任何不能为客户增加价值的行为即是浪费**，以软件开发项目为例，**"没有必要的功能或需求"**是很明显的浪费。常常听到一些案例，研发团队自己觉得这个功能很酷，用户一定很想要这个功能。但这些需求真的都是必要的吗？若你不能列出需求的优先级（Priority），很容易就落入这样的处境。要很清楚你的用户之行为，什么功能／需求是对他们最有价值的，设定正确的优先级，或是建立更精简的使用流程，自然就能少做无谓的功夫，减少浪费，本书中"消除浪费"这一节，很值得所有知识工作者阅读！

- **使用者参与并尽早取得反馈**

  这点是软件开发团队常常忽略的，关在办公室或实验室中"想象"使用者的需求，或是由工程师的观点，自己认为使用者要什么，这并不是好的做法，你应该定期产出软件，让用户尽早验证这些功能是否满足需求，让用户或是数据反馈你哪些是重要的功能、哪些功能不好，或是从中观察使用者的操作经验，使软件能够在下一个周期持续改善。

包括微软自身的研发团队，也已渐渐地迈向敏捷及精益开发以迎向快速变化的移动及云端时代，微软的团队开发平台 Team Foundation Server 或是云端版 Visual Studio Online，也都已内建了敏捷开发 Agile/Scrum 及 Kanban（看板）等方法所需的相关工具，例如 Backlog Management、Sprint Planning Tool、Agile Portfolio Management、Task board 及 Kanban board 等，也提供了开发团队所需的基础服务，例如版本控制、测试管理、Issue Tracking、CI（Continuous Integration）& Build 等。更好的是，这些工具 .NET、Java、Web/HTML、iOS、Android、Windows 等各种技术开发团队都可以使用！

李智桦老师（Ruddy）在软件开发领域已有多年的实践经验，他对信息及软件应用开发的热情更是令人佩服，包括新兴的移动及云端开发技术的研究，更是投入很多精力，近年来更是投入于敏捷、精益及看板方法的推广并担任讲师，本书可以让更多人了解这些软件开发及项目管理的实践方法并应用在工作领域上，值得阅读！

吴典璋（Dann Wu）

台湾微软开发工具及平台推广处资深产品营销经理

推荐序 2

在我多年敏捷咨询过程中，经常需要进场拯救那些将 Scrum 实施成小瀑布的项目，这些项目结局，往往比大瀑布还差，基本上都是一个套路：开会、加班、裸奔、上线、崩溃，有些项目我们救回来了，有些则是积重难返。软件研发是一个复杂系统，任何一种试图避重就轻，组合"最佳实践"，就宣称自己是万灵药的方法（框架），都只是另一个形式的成功学而已。

精益看板方法则不同，他承认软件研发的复杂性，他认为没有最优，只有目前最适合。软件研发的本质是信息加工和流动的过程，精益看板方法让团队利用可视化方式观察信息流动过程，让团队学会利用这些信息来自主决策，逐步改善拥堵，加速流动。本书是一个非常好的看板方法入门读物，对精益软件开发源流、看板方法思想根源都进行了深入阐述，同时本书还大力着墨介绍了个人看板，一种我大力推荐的个人生产力提升工作方式。

我国正进入一个"大众创业、万众创新"时代，目前"风口论、产品论"盛行，到处有人教你如何马上找到风口，打造爆款，这又是一种新时代成功学。在这时，我们恰恰更需要精益思想，快速交付，快速验证，快速试错才是王道，风口是摸索出来的，产品是打磨出来的，别指望一击得手。相信这本书会帮助大家打造一个更快速的产品交付流程，读者还需要结合精益创业、精益度量分析、精益客户开发等方法，才能很好地在这个创新海洋里面畅游。

吴穹（Adam Wu）

平安科技首席外部敏捷顾问

国内第一位看板专业教练（KCP）

致　　谢

　　谢谢为了陪我写完这本书而喝过十多家台北咖啡店的老婆淑华，这也是书的封面为何采用咖啡印记的原因，它是我们共同的永恒回忆。

　　还要感谢孩子体谅父母亲专心工作时给他们带来的不便，我们永远爱你们：孟蓁、玉扬、孟哲、潇萱及裕嘉。还有家里年纪渐大的狗，知世，请继续叫吧！

前　　言

　　精益软件开发不同于一般的敏捷开发方法，它是属于文化层面的改革，它没有特定的方法或流程，有的只是产品开发的概念及原则，非常适合主管层级的敏捷开发思想。精益软件开发没有具体的开发方法，它只有指导原则，乍看之下很像励志的书籍，但它的影响却远远胜过所有的开发方法，因为它将直接影响企业的文化，这一点就比其他开发方法的影响要深远多了。无需讶异它的威力，因为它来自丰田产品系统 TPS（Toyota Production System）。

　　"精益软件开发"没有规定实务性的做法，而是描述了更重要的实际流程定义、原则及价值观。原因是它一直认为很难有一种方法能够完全做到"敏捷"，而"原则"则具有较高的普遍性，因此一直到波彭迪克夫妇（Mary 和 Tom Poppendieck）的《精益软件开发工具》（*Lean Software Development: An Agile Toolkit*）一书出版，才有了比较明确的七大原则，就是我们所熟悉的**消除浪费、增强学习、尽量延迟决策、尽快交付、授权团队、嵌入完整性、着眼整体**等精益软件开发的七原则。

　　本书要描述的是在精益软件开发里独树一格的"广告牌方法"（Kanban Method），它是 2005 年由安德森（David J. Anderson）所创的一种渐进式的流程控制方法，它所依据的正是这七大精益原则。我把精益软件原则的说明放在开始的第一章，是希望读者能"由头到尾"体验在真实的情境下，如何依据这七个原则来做决定，让它成为你实施精益软件开发时的宗旨，而不至于失去敏捷的初衷。

　　真正引起我想写这本书的原因是，因为 Scrum 在迭代的任务板（Task board）上描述得太少了，实施 Scrum 的团队往往没有把任务板上的字段跟实际开发时的工作流程做正确的对照，以至于常常有各说各话的现象，也就是说任务板没有反应出正确的状况。当第一次看到广告牌方法的时候，我就立刻在自己所教的 Scrum 课程中将实施广告牌的方法隐含进来。说真的，这两个理论真是契合，我常常在课程中完全不提到广告牌方法，只是采用它绘制价值流程及半成品限额的理论，就成功地让广告牌方法运用在 Scrum 的开发流程中，学员们可能从头到尾都没有意识到我们正在实行广告牌方法。这一点果然如安德森所言，它是一种渐进式的改革方法没错！而且，实行广告牌方法所受到的阻力要比实施其他敏捷方法少很多，而且成效更佳，如果你怀疑的话，欢迎你继续往后看。

李智桦

目　　录

精益开发与看板方法
LEAN SOFTWARE DEVELOPMENT:
UNDERSTANDING KANBAN METHDO

第 1 章

精益软件开发

1-1　精益的由来

"精益"（Lean）这个词汇是约翰·克拉夫西克（John Krafcik）1988 年在他的一篇文章①里率先提出来的，但他所称的精益制造（Lean production），指的是制造业的精益理论，而软件界的精益（Lean）则称为精益软件开发（Lean Software Development），它源自于波彭迪克夫妇（Mary Poppendieck 和 Tom Poppendieck）在 2003 年的著作《精益软件开发工具》（*Lean Software Development：An Agile Toolkit*），书中阐述了精益软件开发的七大原则，精益属于敏捷开发的成员之一。

敏捷软件开发（Agile software development）是从 1990 年代开始逐渐取代传统开发方法的一些新型软件开发方法，是一种应对快速变化需求的软件开发能力。相对于传统开发方法，敏捷软件开发最大的差异在采用迭代式的开发模式，而不是一次定江山的瀑布式开发模式，以及接受客户对需求合理的变更（让客户对需求做出不同优先等级的区分，并尽力去满足它）。

敏捷（Agile）一词起源于 2001 年初，敏捷方法发起者和实践者在美国犹他州雪鸟滑雪圣地的一次聚会，有 17 位当代软件代表人物共同签署了敏捷宣言，并成立了敏捷联盟。但在此之前，早在 1991 年麻省理工学院出版的"改变世界的机器"（The Machine That Changed the World）研究报告中，就已经把日本丰田公司的丰田生产方式系统（TPS）归纳成为一套精益生产（Lean Production）方法。

严格来说，精益（Lean）比敏捷（Agile）要早诞生许多年，但现在拥戴精益的人士也已经加入了敏捷联盟的阵营（见图 1-1），虽然他们依然遵循着精益精神的七大原则而不是敏捷的四大宣言和十二项原则，但实质上他们都共同拥护敏捷式的开发方法及精益精神，二者并无抵触。

---

① 这里是依据波彭迪克夫妇的名著《精益软件开发工具》对"精益软件开发"的定义，该术语是约翰·克拉夫克在 1988 年发表在《斯隆管理评论》中的一篇文章中看到的，题名为"精益生产方式的胜利"（Triumph of the Lean Production System）。

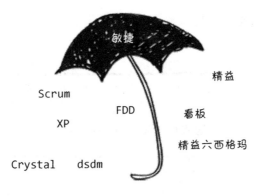

图 1-1　敏捷伞下的两大阵营

1-2　精益软件开发

精益软件开发并没有具体的开发方法或步骤，而是一堆原则，原因是它认为没有所谓的最佳实践。"原则"具有较广泛的普遍性，能指导对某一学科的思考和领悟，而"实践"则是为执行原则而采取的实际措施，需要针对某一领域进行调整，尤其必须考虑到具体实施的环境。精益软件开发是由软件开发领导者，例如软件开发部经理、项目经理和技术领导者，而不是一般程序开发人员所创设的思想工具。

因为精益软件开发没有具体的实行方法，这会让你觉得它只是一些原则和教条，执行起来应该是最简单的，影响也不大，即便做错了也是无害。如果这么想的话就错了，因为"原则"所影响的是企业的文化层面，比起单纯的开发方法影响大得多了。

依照图 1-2 的区分，右边第二位隶属于精益开发体系下的**看板方法**（Kanban），是距离**胡作非为**（Do Whatever，"胡来"，也就是完全没有规范）最接近的敏捷开发方法。越往右侧的开发方法就表示规范越少，我们称为轻量级（light weight）的软件开发方法，越往左边的开发方法则是规范越多，相对于轻量级的开发方法有较多的约束，我们称为重量级（heavy weight）的开发方法，例如 RUP（Rational Unified Process，统一软件开发过程）。

本章的主旨在于阐述如何将精益的精神由原则转换为适用于特定环境下的敏捷实践。说得更精确些，就是针对七大原则加以实践的诠释，目标是**看板系统**，尤其是依靠经验法则换来的经验知识[1]。

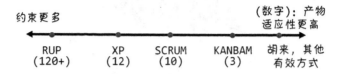

图 1-2　依照规范的多寡由左至右排列各种开发方法[2]

图 1-3　在精益网络的时代，充斥着各式各样的对象

如图 1-3 所示，在没有使用过之前，实在很难判断是不是用错了组件？

---

① "经验知识"指的是人通过经历该事件后所获得的知识，而我们从小接收由学校教育所灌输的知识，则常常被称为"套装知识"。

② 这张图是在描述软件开发方法的规范多寡，虽然图上的几种规范都不承认自己是一个开发方法，例如：Scrum 称自己只是一个开发框架，而 Kanban 则称自己是流程控制方法，但我们还是统称为软件开发方法。

1-3　精益软件开发七大原则

以下为精益软件开发的七大原则：

1. 消除浪费（Eliminate waste）
2. 增强学习（Amplify learning）
3. 尽量延迟决策（Decide as late as possible）
4. 尽快交付（Deliver as fast as possible）
5. 授权团队（Empower the team）
6. 嵌入完整性（Build integrity in）
7. 着眼整体（See the whole）

乍看之下，你可能觉得这些原则感觉上像口号一样，真的有用吗？让我告诉你，当你在绘制**看板**时（也就是将你的工作流程放到**看板**上成为一个或多个垂直字段时），你所依据的便是对这几条原则的了解程度。如果你觉得很陌生的话，下次改变看板外观时，一边看着这些行列一边思索是否需要改善哪里？改的原因是什么？想达成哪一条原则？多练习几次就熟了。记得一次只改善一个地方就好，这样比较容易看出是哪个异动所造成的结果，这一点跟改 bug 是一样的，一次同时修改好几个地方，就搞不清楚谁才是真正的元凶！

1-3-1　消除浪费（Eliminate waste）

何谓浪费？凡是对客户或产品不具备提升任何价值的行为，基本上都是一种浪费！

Bug 是第一大浪费

程序开发人员最大的浪费，便是在开发工作时制造一大堆 bug，然后再费尽心力把它解决掉。有趣的是，解决这些 bug 之后还能获得相当的充实感！反倒是很少有人会回过头来检讨这些 bug 实际上都是自己所造成的。会有这些 bug 产生，其实是软件的复杂性所造成的，是我们把程序写复杂了。而如何减少 bug 呢？就是想办法把程序写简单一点，只有很简单的程序，bug 才会相对减少。如果程序复杂了，最后便只能靠测试来守住质量，这一点也间接说明开发和测试实际上是一体两面，开发者必须负起减少 bug 的第一线任务，因为它才是最大的浪费。

现在的程序开发工作太复杂了

开发软件最重要的是知道要做什么，然后去做，就这样简单！

但经过岁月不断的累积之后，我们把这个过程变复杂了。是那些有智慧的学者不断地把经验奉献出来，针对各种不同问题提出解答（设计模式便是这样诞生的），智者怕我们重蹈覆辙便想办法把经验积累下来，原意是为了照顾后进，结果却是把开发工作越弄越复杂（HTML 的演进史就是这个缩影）。十年前的软件开发项目，经过十年后规格并没有太大改变，但我们却可以把它弄得越来越有学问，看起来越专业，专业到必须有相当的学习过程才足以开发十年前就能做到的事！程序在执行速度上变快了，但是在质量这一点上却始终没有太大的提升，原因是我们把自己弄复杂了，我们一再地把开发程序的门槛弄高了，而复杂所带来的最大罪恶便是浪费，所以消除浪费便成为近代工程师要学习的第一要务。

"简单"是对付 bug 的有效法则

想要减少 bug，就是把程序弄简单些让自己随时都能看得懂。开发软件时，bug 总是自动在过程中被隐含进来。通常，一知半解写程序是制造 bug 的最大元凶，这种 bug 最难以检测出来，再来则是逻辑思维被打断也是在写程序时很容易产生 bug 的时候。所以在进行工作分解时，最重要的是"简单化"，简单是减少 bug 的最佳处方。话虽如此，但很多时候软件开发就是这么复杂，该如何是好呢？

"错误的估算"便是一个简单不下来的原因。千万不要在没有做适度拆解问题（工作项目）时进行时程的预估，因为那完全是在猜猜看！猜是人类最糟糕的预估了，最少也要有参考依据（有参考依据可以让预估准确许多，例如找到可以比较的案例），但是必须经过拆解成为较小的工作单元，参考才足以成立。所以在减少浪费的前提下，"先拆解再简单化"是开工之前（或是进行工时预估前）的必备动作，正确的拆解可以避开那些不必要的复杂性干扰。

项目经理（PM）习惯向开发人员要求预估需要多少开发时间，想借助工程师每个人的预估，然后合计起来，以得到团队的整体开发时程（当然再加上一点自己习惯性的保险时间）。这是一种将项目分解成多个区块，然后针对各个区块进行预估的作法。这样所估出来的工时乍看之下是会比较准确，但是却忽略了工程师本身所估算的数据本来就是基于一种猜测得来的数值，根本上就已经不准确了。所以，虽然已经经过拆解，但这是基于工程师个人的猜测而来，当然就没有太大的意义。

什么样的估算才比较准确呢？老实说，只有进行一段时间，有更深一层的了解后再来估算自然会准确许多。这种较准确的估算通常发生在项目进行五分之一到三分之一之间，这是一件耐人寻味的事，此时工程师对项目的把握度就可以大幅提升，这个时候的预估就可以接近于"承诺"了。

工程师的承诺与预估

项目开始时工程师无从参考比较，此时的工时估算应该只能说是猜测；一旦项目开始进行后，随着对项目的了解增加，通常工程师在开发工作进行到五分之一到三分之一之间，由于对任务越来越熟悉，自然就可以做比较有把握的预估，这个时候的估算就可以称之为"承诺"。

写程序想要减少 bug，专注（Focus）是最有效的良方。这里讨论的专注是指"短时间"的专注，而不是废寝忘食、长时间疯狂做某一件事的专注。短时间指的是 25 分钟的专心工作，这一点请参考蕃茄工作法①。

如何识别浪费？

丰田生产系统的策划人之一新乡重夫（Shigeo Shingo），他首创制造业的七种浪费类型，而波彭迪克夫妇则将它转换成软件业的七大浪费类型，对照如下表所示。

---

① 蕃茄工作法是简单易行的时间管理方法。蕃茄工作法是弗朗西斯科·西里洛（Francesco Cirillo）于 1992 年创立的一种相对于 GTD（Getting Things Done，一种行为管理的方法）更微观的时间管理方法。在蕃茄工作法一个个短短的 25 分钟内，收获的不仅仅是效率，还会有意想不到的成就感。

	制造业七大浪费	软件业七大浪费
1	库存	半成品、部分完成的工作（Partially Done Work）
2	额外过程	额外过程（Extra Processes）
3	生产过剩	多余功能（Extra Features）
4	运输	任务调换（Task Switching）
5	等待	等待（Waiting）
6	移动	移动（Motion）
7	缺陷	缺陷（Defects）

　　判别是否浪费十分重要，它是你避免浪费的基础。接下来的说明虽然看起来冗长，但请务必读完，每个项目的最后会括号说明相对于**看板方法**的运用手法，譬如你不知道该如何建立**看板**的垂直字段或调整 WIP（半成品）值，即可参考以下的几条原则，将它们作为依据。

- **部分完成的工作**

　　"半成品"的英文是 Work-In-Process（WIP），虽然翻译成"在制品"看起来比较贴切，但我偏好采用"半成品"这个字眼。所谓"部分完成的工作"，它是一种赌博，一个随时可能会失效的功能，因为它有可能还没上场就被换掉了（原因是你提前做了）。另外是太早做可靠度就差一些，虽然你可能用单元测试来保证它的输入和输出值，但在还没有经过整合之前，没有人可以保证它是好的，所以就投资报酬率而言，它是最不理想的半成品。在团队开发流程中，尝试把半成品控制在最小范围内是最理想的状态，也是减少浪费的好方法。（对**看板方法**而言，可以用来限制 WIP 值，产生盈余时间[①]或是看到瓶颈所在，这一点可以通过**累积流程图**来进行观察）

- **额外过程**

　　文档工作是一种最有争议的额外过程，它会消耗资源，降低反应速度，还会隐藏风险；但相对的它可以让客户签字表态，或是取得变更许可，或是便于追踪。几乎所有的软件交接都需要文件，但是基本上它是不会产生增值的，

---

① 盈余时间是看板方法中非常重要的一个观念，也是我做顾问时必用的手法之一，下一章我们就
　　会谈到。

所以也是一种浪费，但若是基于需求上的工作，则可以把它视为是一种增值。请注意，好文件应该保持简洁、具有概念性、便于做交接。（**盈余时间**最适合用来写文档，工程师要学会把文件交给自己做）

- **多余功能**

  有句古老的名言："当你新增功能时，也同时新增了 bug"，意思是尽量减少不必要的功能！一般的程序设计师总以为突发奇想的功能是一个不错的想法，为了未雨绸缪就自作主张把它加进来了，老实告诉你这是最不好的做法，记得，只有在有必要的时候才新增功能，任何一段不需要的程序代码都是一种浪费，千万要懂得抵抗自以为能够有先知卓见这种未雨绸缪能力的诱惑。（额外的程序代码将会挤占半成品的数量限制，通过**累积流程图**可以很清楚地界定它的影响）

- **任务调换**

  多任务是一种浪费[1]，给员工同时间分配多种工作是项目产生浪费的一个根源。软件开发人员每次在转换工作时都会浪费大量的调换时间，因为他必须调整思路以便投入新的任务流程。当然，若是你同时参与多个开发团队，自然会造成更多的停顿，从而引起更多的任务调换而浪费更多时间。（限制WIP 值就是为了减少这种浪费）

- **等待**

  在团队进行协同开发时最浪费的可能就是等待。有时候等待上级或第三方的响应，例如：等待电子邮件的回函或通知，这种必然存在而且无法改变的过程，就是一种浪费。（这种必然的等待可以在**看板**上增加一个垂直字段特别来处理它，如此可以让我们更明确知道现在的状态？）

- **移动**

  当开发人员遭遇无法立刻处理的问题而需要他人协助时，他需要移动多少距离才能找到问题的答案？是立即就能得到解答？还是需要继续移动到其他房间要求其他人的协助呢？这就是一种浪费。当然人不是唯一会移动的，各类文件也会移动，尤其是测试文件的流程，也可能造成庞大的浪费。（这种事务型的开销，在**看板**上面表现得越明显，就越容易被纳入解决方案的考量）

---

[1] 多任务是不好的（Multitasking is evil），可能是项目开发的头号杀手。

- **缺陷**

  缺陷也常常被翻译成漏洞，是指在软件执行中因为程序本身有错误而造成的功能不正常、宕机、数据丢失、非正常中断等现象。缺陷（bug）所造成的影响，取决于它被发现的时间和它的大小，越早找到缺陷越好，在写需求的阶段就被测试人员发觉，是最好不过的。（文件审核有时可以帮助尽早找到缺陷）

能够尽早处理掉问题绝对胜于交给客户之后才发现，因此就有人发明，从一开始写程序就开始做测试的方法，称为"测试驱动开发（Test Driven Development，简称TDD），就是希望能尽早找到缺陷并即刻修复。类似的方法（ATDD、BDD 等）大部分也都有自己的价值，也都在市场上占有一定的比重，但是软件界尚未找到一种足以被大部分程序设计人员完全接受的开发方法。所以借助频繁集成及发布是一种较容易受到客户肯定的行为，也是避免重大浪费的必要小浪费。

软件开发是一门艺术还是一门科学呢？由程序诞生的方式到我们除错解决缺陷的方式看来，艺术的成分还真是占据蛮大的比例，因此软件开发是一门工艺是目前比较被接受的一种说法。也就是说，我们很难完全不靠经验来开发软件，丰田式的生产方式对软件界而言仍是一种梦想，而我们也只能在类似的精益原则上尽量多学习和借鉴。

看到浪费

浪费只要看见了就容易改善。通过识别哪些行为是浪费，它们是如何造成浪费，可以让我们更容易看到真正的问题所在，也就能"消除浪费"。**看板方法**能让问题成为大家都知道并都看得见的事，如此便可以通过改善的方式（行为）来避免不必要的浪费，这是精益软件开发法的第一个原则。不浪费本来就很合理，但在运用上，由于软件开发有别于制造业，因此受争议之处特别多，宜视环境时时调整。图 1-4 是一个游戏开发公司的开发流程图，我们把大的开发步骤以及这些步骤所花的工作时间用时间轴画出来，就可以很容易看出对开发工作没有增值的部分，也就是浪费的地方。

图下方有两条时间轴表示浪费及增加价值的时间数值。上面一条是明确的时间值，下面一条则是指标式的示意图（图中用了两种不同的图示，目的在阐述数字大小代表的只是一个粗略值，在某些时候用比例来区分可能更合适些）。整个流程的统计结果显示在右侧，浪费的时间为 21.3 m（月），而真正拿来增值的工作是 3.5 m（月），二个数字相除以后得到产出率为 14%。一旦通过分析让人们看见浪费的根源，通常就会开始产生一种想要改善的冲动，这便是可视化后的一种催化效益。

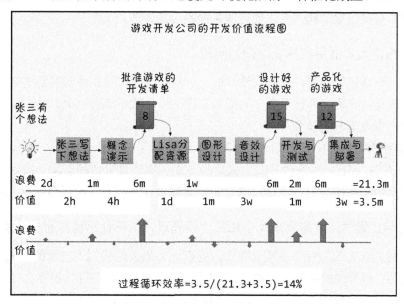

图 1-4　游戏开发工作的流程图

　　软件是知识型的开发活动，对于浪费的界定比制造业复杂许多，所以请先判断它是"直接的浪费"或是"间接的浪费"。所谓"直接的浪费"指的是没有其他效益的活动，它纯粹就是浪费工时，我们很直觉地可以判断的浪费行为。"间接的浪费"是除了产生活动还有其他效益的活动，例如增加团队沟通协作的活动，我们便可以称它为间接浪费的工时。因此在我们考虑消除浪费的时候，间接浪费应该被排在最后，属于非必要时无须消除的范围，因为一旦消除间接的浪费活动，也就失去了它相对所产生的效益。

1-3-2　增强学习（Amplify learning）

　　软件开发是一种学习的过程。也就是说，开发人员学得越快越好，写的程序才可能越正确，对客户也越有利。因此程序设计人员从一开始就要下定决心把事情学好，然后再运用学会的专业知识来辅助写出正确的程序。

有趣的是，开发过程也是一种发现的过程，我们经常在创作的过程中有了全新的体验，所以写程序不全然是一种学习。很多时候，经验可以帮助我们学得更快更好，但创作则不只要依靠经验，专注力可能是最不可或缺的。

科学方法尤其适用在解决复杂的问题

科学方法是通过观察、建立假设、设计实验、进行实验、然后得到结果。有趣的是，如果假设越正确，你就不会学到太多东西。当失败率达到 50% 时，你会得到最多的信息，也就是学到最多。

工程师写程序时不也是如此？如果一次就做对了，可能表明完全没学到任何东西，只是在工作而已。传统的开发方式正是要求大家通过审慎的态度一次做对，而敏捷开发则是鼓励通过尝试、测试、修正的短周期来开发程序，所以自然学到最多。

我们写文章时，常常要修改个几回才能成章，何不让写程序也如此呢？！

其实写文章比起写程序要难上许多，但有一个最大的差别，文章的 bug（错字）很容易发现，但程序的缺陷却很难找到。就价值观而言，我们可以很容易以程序的应用范围来衡量其价值，但相对的写文章就很难评价了。二者在抽象的程度上很不相同，一个是越明确，我们认为越好，另一个则是越抽象，反而越是让人觉得受用无穷。

最小的成本产生最多的知识

既然程序开发是一个学习的过程，那么为了得到好的成果，学习善用最小的成本获得最大的学习效果，应该是程序设计人员不可缺少的技能。例如：如果测试成本很高，就多花些时间仔细思考，审慎检查后再动手，如果实验的成本很低，那它就是最有效的方法！

短暂的学习周期是最高效的学习过程

周期性的重构，一边开发系统的同时也在进行改善设计方案，这是我们产生知识的最好途径之一。衍生式的设计方式又称为浮现式设计（Emergent Design），它是架构设计师在采用敏捷式开发法时所遭遇的最大困难（因为不能做太多的预先设计，必须有问题做对应时才能做相对的设计），既然我们不能一口气就把架构设计完毕，那只有通过堆栈的方式，让问题来引导架构的途径。但千万别单让问题来引导架构，因为设计模式正是为了解答那些重复出现的问题而诞生的最佳解答。（其实是没有最佳解答的，说穿了应该只是最佳参考罢了，因为没有银弹，所以必须在研究清楚环境之后自己来，这也正是所谓高效学习的过程。）

测试是最好的反馈

传统一次性通过开发方式（single-pass model），是假设一开始便可以把开发的细节想清楚，针对每一个需求都一视同仁，一样重要，按部就班把所有的需求都做完，所以也就不会有太多的反馈，也失去了反复调整的机会。传统开发反而害怕反馈所带来的学习会破坏原先预定的计划。

这种思维造成学习被迫后延，直到最终测试的时候才出现，只可惜为时已晚，只能期待下一次的项目能够完全一样，这个学习的所得能派上用场。所以按照道理应该增加反馈，因为反馈是处理软件开发上遭遇问题时最有效的方法之一。以下是增加反馈的几点原则。

- 实时反馈，在写完一段程序代码后立刻进行测试。
- 运用单元测试来核对程序代码，而不是用文件来记录程序逻辑的细节。
- 通过向客户展示来收集反馈和变更的需求。

团队同步学习

短的迭代循环是团队共同学习的最佳方式。同步是团队开发非常重要的一个步调，尤其当有一些项目出现测试失败后，遗留下来待解决的 bug 经常会让共同开发的同仁产生不同步的紊乱感觉，彼此之间误以为需要等待才能继续下去，造成学习中断的浪费。而迭代让大家有一个共同的起点，能够促使团队不断诞生新的学习机会，因此维持同步与采用短周期的迭代是团队学习的基本需求。

善用共同开发工具

一定要善用数字信息。无论是微软的 TFS 或是 Open Source 的 Git，在网络的运用上都具有绝佳的协同合作特性，这一点让程序代码不再是一个人的私人收藏，而是属于团队共同拥有的资产，大家都能通过信息相互学习。通过这些好的数字工具，不论是代码审查（code review）或是程序代码的签入/签出（check in/out）都成为公开的行为，这样的同步性可以导致更有效率的集体学习行为。

拜移动设备普及所赐，信息传递总是超乎想象的快捷，大大改善了工作流程上的事件前置时间（Lead Time），使得运用流程来提升团队效能成为这一代最重要的课题，因此能否善用数字学习也变成分辨优劣的关键因素之一。

愉快的心情是改善学习环境的重要因素，对于个人是如此，对于团队更见效益！没有比在心情好的时候更能充分吸收知识的了，保持愉悦是成功学习的秘诀之一，所以在每日站立会议时有鼓舞士气、提升团队和谐的行为，对一天的工作绝对有提升，应该尝试看看！相对的，心情低落是学习的一大障碍，管理者应该立刻给予关注才是。

1-3-3　尽量延迟决策（Decide as late as possible）

对流程而言：

等到真正需要做改变的时候再做决策，
提前的变更只会增加无形的成本。

对人而言：

等到做决策所需要的信息较充分后，
再来做判断会比较正确。

适当等待是做出好决策时不可缺少的行为

敏捷开发为了处理需求的不断变更，**鼓励把决策的下达延到最后可以容忍的时间点再做决定**。例如，打印机厂商因出货国家的电源种类不同所产生不同的库存种类以至于无法善用库存而伤透脑筋，如果采用最利于生产线的方式，便是根据运往地点直接配备相应的电源线。但如果采用决策的下达延到最后的概念，就是等货到了该国之后再由销售门市依客户的选择把电源线加上去，就可以避开这个复杂的出货问题了。

对个人而言，延迟决策是为了避免在早期信息还不够清楚的状况下就迅速做出决定或是进行评估，这是一种浪费，因为可能有很多东西之后还需要修改或是重做。

并行开发（Concurrent Software Development）

为了同步我们可能需要等待，而等待所换来的则是"顺序性"的同步工作。工作原本就可以采用异步、并行的方式完成，我们之所以没有采用是因为太复杂了，就为了让工作可以在同步与异步之间做切换，仅仅在处理那种复杂机制所损失掉的力量可能就会大过并行工作所能取得的收获！但那是多年前的说法，多核 CPU 创造了新的并行开发程序语法，而简易的语法造就了更快速的运算效能。

敏捷开发采用短周期迭代的方式来降低风险，就如同异步的语法也仅仅是在小范围的相同理论上运作一般，虽然多任务碍事（Multitasking is evil），但在受控制的小范围内实施却是利多于弊的。因此决策的时间往往需要参考并行工作的结果，所以尽量将决策延迟到信息较明确的状态再下达是一种较高效的做法。

最后负责时刻

最后负责时刻（The last Responsible Moment，LRM）并不等于尽量延迟决策。这是丰田精神转换到软件开发上较有争议的一个地方，"尽量延迟决策"针对生产在线的决策关键时间有相当积极的意义，并无争议，但对应到"最后负责时刻"这个并不是那么正面的用词，就让人十分迷惑。

最后负责时刻是指，当你再不做出决策时，不做决策的成本就会高于做出决策的成本时，就称之为"最后负责时刻"。

很明显，最后负责时刻是针对在工作上可以获得较高的灵活性。这个词汇最初是由精益建筑协会（www.leanstruction.org）所提出，并在敏捷开发上经常被引用来处理尚不明确的需求，建议决策宜延迟到最后一刻，也就是状态较明朗的时候再做决策。延迟时间，让决策者有较高的灵活性处理其他事情。

谈决策：先深入或是先广度

在处理人工智能的程序里，总是会遇到这种应该先深入问题的探讨还是先广泛搜集更多类似问题再逐一深入探讨的决策性问题。举例子来说，假设我们要寻找一把放在大楼某个房间里头的手枪，只知道它被放在一栋四层楼高、每层有 5 个房间的建筑里，试问你要怎么寻找它？是先把一层楼都找完之后再换楼层呢？还是找一个房间后就换一个楼层？如何设计这个逻辑决策呢？

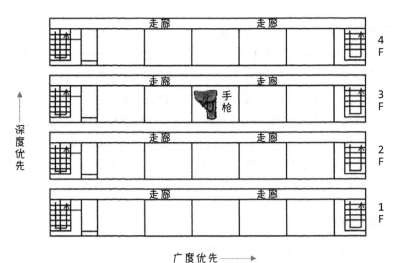

图 1-5 处理人工智能的程序思考

深度优先（Depth-First）的做法就好比将一个楼层都找完再换另一个楼层，它的优点是简单，你可以很早就下定决策，接着照着做就是了，它可以迅速降低问题的复杂性。缺点是它会过早缩小各种可能性的研究，例如先探讨每个楼层会有几个楼梯？每隔几个房间就有一个楼梯之类的解题参考。

广度优先（Breadth-First）则会延迟决策，当搜寻到有多个楼梯在楼层与楼层之间时，就有机会再拟定新的寻找策略。初学者通常会采用**先纵深**的方式，等到熟悉后有经验后再做其他尝试。**先纵深**或是**先广度**并没有绝对的对或错，经过学习后的再进化才是重点。但不论采用哪一种策略，先搜集相关的专业知识都是不可缺少的（参考上面找枪的例子，设计者通常都会留下一些蛛丝马迹，让有经验的搜寻者做判断的依据，目的当然是让用户能够迅速通过学习来累积经验，期待下一次会有更好的表现）。

直觉式的决策

最后我们来谈一下相对于延迟决策的快速决策：**直觉式的决策**，这是一种类似"急诊室的分类法"，先做简易分类后立刻做决策（括号中是处理等候的时间）：

- 第一级：**复苏急救**（须立即急救；例如车祸大量出血、意识不清）
- 第二级：**危急**（10 分钟；例如车祸出血，但生命稳定）
- 第三级：**紧急**（30 分钟；例如轻度呼吸窘迫、呼吸困难）

- 第四级：**次紧急**（60 分钟）
- 第五级：**非紧急**（120 分钟）

TIPS
进入急诊室后，请向医护人员询问您属于第几级伤病？需要等候多久？

通常，救护人员和消防人员很少做决策，他们直觉地依据守则（通常是经验）走，而非理性决策过程！理性决策会先做分解问题、移除上下文、应用分析技术、进行讨论等步骤，这种理性的过程会在有意无意间忽视人们的经验，而经验正是敏捷开发最有利的参考。如果能依靠理性分析指出什么地方存在不一致，什么地方忽略了关键因素，固然很好，但他远远不如直觉来得有用，因为理性分析移除了上下文之间的关系，所以不太可能观察到严重的失误，这就是经验最有价值的地方。**培养经验最有效的方式就是通过阅读，把别人的经验变成自己的知识。**

1-3-4　尽快交付（Deliver as fast as possible）

在制造业中交付产品越快的公司必定越受客户青睐，软件业也是如此。但在制造业里对手很快就能掌握到你快速生产的秘诀，所有的厂商都会开始模仿，一下子大家都学会了，你的优势很快就没有了，而软件业就很难做到这一点！这是一种最富有价值的优势！

为什么要快速交付？

客户喜欢快速交付。因为快速可以让他拥有更多的准备时间，也就是延迟决策的机会（你一定想到了，尽快交付原则正是对尽量延迟决策原则的补充，当你能够越快交付，可以得到延迟决策的时间就越长）。对于一些客户而言，快速交付也意味着更快的客户满意。对软件业而言，能带来业务上更高的灵活性，更容易受到客户的信赖，当然也就间接获得客户更高的配合度。

老板、客户都喜欢快速交付，但工程师如何处理呢？如果你一向单打独斗的话，为了做到快速交付，可能必须花上一番功夫来设定一套较完整的交付流程，这是可行的做法，也是很好的练习，但太辛苦了！而且这么做只是治标，对工程师而言是好的练习，但很辛苦（维护就更辛苦了）。如果能从开发方法的角度来看这个问题，实行治本的理论远比治标划算多了，以下便是精益软件开发的做法：采用**看板方法**来实践**拉动系统**。

拉动系统（Pull System）

拉动系统是一种通过只补充已消耗的资源来达到控制资源流动的生产管理系统。著名的**限制理论**（Theory of Constraints，TOC）中的"鼓-缓冲-绳"（Drum-Buffer-Rope）正是拉动系统的最好范例，所以也常常被称为缓冲管理法（Buffer Management），**看板方法**正是依据拉动系统所设计出来的流程控制法。拉动系统是一种"自动交付"的工作方式，你可以将需求规划成一种事件，由事件来"拉动"工作。而"被动交付"则是一种运用排定日期的工作方式，时间到了就被"推动"去工作的方式，因此被称为推动系统（Push System）。Scrum 的任务板（Scrumban）也是一种拉动系统，只是它并不强调流程的管控。

Windows 用户应该十分熟悉这种事件的处理方式，让事件去触发相对应的行为方式称为事件驱动模式，是一种实时性（JIT）的处理方式，系统可以省去一个一个轮流查看是否有工作要处理所耗掉的时间以及 CPU 浪费的效能。在制造业里，由**看板**来作为启动 JIT 实时生产的自动化机制，这便是**看板**又被称为信号板（Signal Board）的原因，当有信号进来时就去拉动下一个工作的项目，而无需由工头做决策，下达命令指挥工人该做什么。也就是说，管理者不必吩咐工人该做什么，工作本身就能起到引导作用。复杂的软件开发工作也存在同样的基本问题，项目经理（PM）所依靠的"日常进度表"很难描述许多细微的工作分配，此时拉动系统无疑是最有效的安排，这也是让团队成员自己有效安排时间的好方法。

TIPS
员工知道在上班时间如何有效安排自己的时间表吗？

复杂的软件开发无法像制造业一般采用细粒度的排班表，但对知识工作者而言，在办公时能够采用"自我引导"（自觉）应该是最有效的方法。员工在自我管理的情境下容易为自己的行为负责，也就能主动负责，对项目而言这是达到成功的最佳保障。运用**看板**实施拉动系统是最能做到这种直观式管理的方法之一，**看板**上有大家的工作状态，团队工作的进度、效能及瓶颈，每个流程状态大家都一目了然，这样的透明度最适合自我引导的状态。

善用排队理论（Queueing Theory）——看板方法寻找瓶颈的基本技巧

缺人手！你可能缺少分析人员或是找不到人手来帮忙测试……，当资源出现短缺的现象时，排队的状况便会自然发生。它是最浪费时间的东西，看起来是单纯的资源不足所造成的现象，但不容易改进。排队理论的出现是表示有许多地方可以进行改善的一种征兆（资源一定出现了存在有不足的地方），事实上它是我们在运用**看板**上发现问题跟解决问题的最佳机会。

拿饮水机的例子来做说明。在饮水机前排队取水。排队当然是按照每一个人到达的时间顺序，而不是每一个人口渴程度来调整，所以当散步过来喝水的人排在刚跑完步的人前面时，若依照需要水的程度高低来定义服务的效能，便可以定义它是低效能的，反之则是高效能；这时候当我们考虑增加效能时，就可以让跑步的人先排到前面来。简单的区分可以让服务满足真正的需求，这就是**看板**想要做到的事：暴露需求或者瓶颈所在，然后修正它来达成真正的需求。（具体作法是，依照对水分补充的急切性，适当的分成二列的排队取水队伍，急需水分的队伍每次可取水二名或调整成更多名的数量，如此便可以用管制数量的方式来协调急需性）

另外要补充的是，在排队时，你总是希望能够尽量缩短等待的时间，毕竟，加入排队是为了达成某种目的。无法让你达到目的的唯一原因是，达到目的所要的资源有限（也就是资源不足），因此便形成排队的现象，增加了时间的浪费。所以资源的限制才是最主要的原因，但有时候也可能是设计者为了保护系统资源而做的限制设计（常见于云端应用程序的设计）。[①]

强调优化组织的最佳途径是强调组织的吞吐量，因为它是获利的关键，而增加吞吐量的方法便是找到阻碍工作进展的瓶颈，并对它进行修正，这一点在网络时代更是

---

① 限制理论（Theory of Constraints，TOC）是由高德拉特发展出来的一种全方位管理哲学（尤其在生产理论上有着重大的影响），主张一个复杂的系统隐含着简单化。即使在任何时间，一个复杂的系统可能由成千上万人和一系列设备所组成，但是只有非常少的变量或许只有一个（称为约束，Constraints）会限制（或阻碍）此系统达到更高的目标。

明显，因此我们可以预见云端将是这个时代企业的必然战场所在。（**看板方法**受到限制理论极大的影响，安德森（David J. Anderson）原先把自己的理论称为"鼓-缓冲-绳（Drum-Buffer-Rope）"，直到在微软的项目试行这个理论的成功并逐渐发展出自己的架构后，才改称为"**看板方法**"。）

是否值得投资购买新的开发工具

篮球赛的抄截快攻是翻转战局最佳的方法，原因是这一来一往的差距是 4 分不是 2 分。

开发人员可能会提出采购一种新的开发工具，因为他们认为可以加速开发的速度，而你会估算一下省下来的开发时间是否值得购买这个工具。这种经济模式的决策，往往都容易忽略无形的、超过成本效益的影响；较正确的做法是，采用风险管理的概念，将不购买新的开发工具所可能造成的延误成本加到损益表内进行评估，这样做更为合理。

投资购买新开发工具的价值，绝对不是它表面上的金额大小，而是它对开发团队的影响，这才是真正的价值所在。

1-3-5 授权团队（Empower the team）

精益理论有以下两个假设。

1. 成熟的组织关注的是整体的系统，它不会专注于优化分散的部分。

2. 成熟的组织强调的是有效学习，它会授权予工作人员制定决策的权力。

弗雷德·布鲁克斯（Fred Brooks）在《人月神话》中引述了 IBM 软件业务负责人伊尔·惠勒（Earl Wheeler）的一番话："（近年来）关键性的驱动力是权力下放，这简直太妙了！质量、生产力和士气都得到了提高。"

一群积极创造增值的人员才是组织真正的核心

上面那番话已经有 40 多年的历史了！每每在企业内部讲到敏捷开发（Scrum）**让团队自我管理**的时候，还是经常接触到主管们疑惑的眼神。这些专业软件开发人员天天都在学习，他们不断地改进自己的工作方式，而组织的责任则是提供时间和设备，让他们圆满完成工作的。从管理学的角度来看，让团队自我管理可以在工作上获得最佳的效益，所以管理者真正该做的事是采取措施使团队能够增值。

我的团队会自我管理吗？

管理者难免担心，并且容易怀疑自己的团队是否能做到自我管理。我可以放心让他们管理自己吗？这是十分正常的，就好比你担心孩子们没有自己在身旁时他们早上会爬不起来、上课会迟到……等一样。这里有一个简单的方法教给你，就是帮他们制定简单的规则，然后把你的担心换成信心。

让团队自我管理一直是一个让主管头痛的课题，到底什么是简单的规则？多简单才够呢？

简单规则法

管理学上有许多简单法则可以借鉴，这里我采用弗里德曼教授在货币控制上发明的"简单规则法"，他认为："假使每种情况都根据它本身的处境加以考虑，那么，在大部分事例中就可能做出错误的决定。因为决策者仅在一个有限范围内进行考察，而没有办法照顾到政策的全面后果，也就是说，**你无法面面俱到，考虑得丝毫无错！**另一方面，如果我们对一组合并在一起的情况采用一般性的规则，那么，规则的存在本身就会对人们的态度、信念和希望产生有利的影响，而这些影响是在对一系列个别情况采用完全相同的政策时考虑不到的。"

同样的方法适用于让团队自我管理的法则，管理者应该只专注于一些可以合并考虑的情境下采用一般性的规则来管理，目的是让工程师可以专注在他的工作上，使其有所发挥。因此管理者只要专注在一些较明确且需要注意的规范上，并运用一些基本规则来处理，便可以称之为简单规则法。

举例来说，请假的规定，许多新创公司都相当放任员工，完全没有明确规范在一年内一个人可以请假多少天，理由很正当，因为公司在意的是你的产出而不是你上班的时数。然而，没有明确的规范反而会让员工无所适从！可以任意请假本来是一件好事，但在团队一同开发的协同工作时，协调与妥协的范围很容易因为假日计划问题而复杂化。过去因为受限于一年的休假日不多，所以容易规划，但现在几乎一整年、时时都能包含在内，考虑的范围变大了。现在必须考虑到公司与家庭或家庭与家庭之间的配合问题，在这里人们很容易为了不伤害大家感情的前提下而产生所谓的相怨，相怨是一种假性的和谐，对团队的协作是一种浪费的行为，应该避免，因为人们会为此而互相礼让，从而使工作出现闲置的状态。

一个绝佳的范例，是制定简单规则让团队来遵守，团队很快就能依此而产生效能的好例子，那就是实行精益咖啡（Lean Coffee），详情请参考附录。

简单规则的另一个好范例就是台北捷运局。它仅仅制定一条规则，就让所有搭乘捷运的乘客都能遵守：“搭乘电扶梯请站右侧，左侧让给急着赶路的人走”，这一条简单的规则非常成功，甚至影响到全台北市及来台的观光客。

简单的规则让团队显得一致，而一致的目标让团队更加团结，混乱与充满相怨的环境只会让团队失去内在成长的动机。

越优秀的团队越适用简单的管理规则，但那是在他们表现优秀的时候。

你的团队优秀吗？许多新创公司通过到处挖角的方式聚集了一群优秀的工程人员，给他们最好的环境和足以满足他们的开发设备，但是却迟迟无法使他们做出卓越的产品。

原因当然很多，但基本上在他们尚未表现优秀以前，简单的规范与束缚反倒让他们能够发挥所长！让他跳脱困境只是证明他是优秀的，这时候便可以逐渐取消束缚，让管理的规则越简单越好，因为他们已经可以工作得很好了。

你做过 Scrum 了，但是没看到效果，接着采用 Kanban，听说效能可以提升一倍以上，但这件事始终没发生，现在你开始放任技术好的工程师来担任领导（这种做法叫 Technical Lead，谷歌就是这么做的），接下来呢？

很明显，你的问题并不在于采用哪种敏捷法则，而是在于管理，即如何正确管理团队。

1-3-6　嵌入完整性（Build integrity in）

没错！这正是我需要的东西。

——客户

这是一个多变的时代，许多东西的定义也跟着一直在变。例如 App 的好坏改变了质量的定义，当你安装了一个让你恨不得立刻推荐给所有朋友的 App 时，不管它有多少缺点，你在推荐的当时一个都不会提到，因为它已经满足你真正的需求了，所以你只会注意到它做了些什么，而不会在乎它的缺陷，也就是所谓的"情人眼里出西施"，此时的质量就是西施。

如何造就这样的产品呢？

波彭迪克夫妇将上面这种感知区分为**感知完整性**（Perceived Integrity）和**概念完整性**（Conceptual Integrity）。

你一定也有过这种感觉，例如常常用谷歌来搜信息，谷歌的搜索引擎就是最典型的**感知完整性**的例子。当你要寻找数据时，就一定先打开谷歌，原因可能是它很快，让你觉得找东西一点也不烦，还有就是打错字了它也照样找给你，就是这些特征让大家持续使用它。换句话说，就是谷歌打动了人心，这种特征也称为**外部完整性**。

另一个例子来自微软办公系列的 OneNote 产品，它兼具**感知完整性**和**概念完整性**（又可称为**内部完整性**）。不论你在哪一个办公应用产品中做 PPT，或是在 Word 和 Excel 工作，只要想到要把数据记录下来，你就会点击任务栏上的 OneNote 图示，启动它来做笔记，原因是它什么都可以记，没有特定格式限制。不管放进去的东西是什么格式，放进去就对了，太符合人类想储存东西时的想法，你不会想先做分类再来记录的。因为方便使用（外部完整性），而它又能融合办公应用多种工具存取能力的一致性（内部完整性），所以 OneNote 就成了办公应用中最受欢迎的工具程序。

根据波彭迪克夫妇的论点，认为要构建具有高度感知完整性和概念完整性的系统，应该在客户与开发团队之间以及开发团队的上下游过程之间形成出色的信息流（information flow），而此信息流必须考虑到系统当前和潜在的用途。具体怎么做呢？

- 增加全体开发人员在应用领域方面的知识。
- 接受变更，并将变更看成是一件正常的过程和容纳新设计及决策的能力。
- 营造提高沟通能力的环境，以便对人员、工具和信息进行整合。

成就感知（外部）完整性

每天都能持续把客户的价值观变换成细节设计给开发团队，不断积累开发部门在感知完整性方面的决策能力。但是容忍过多的变化容易让开发团队不断在做返工的动作，成本也会不断增加，如何是好？这一点可以参考 Scrum 的迭代开发模式，也就是**冲刺**（Sprint）的做法。

在一个短的开发周期内尽量让开发人员不受干扰，全力开发产品直到 Sprint 结束时再对客户进行展示，并运用这个时间点来接受客户的反馈，将其纳入未来的开发工作。

成就概念（内部）完整性

概念完整性表示系统的核心概念是否能稳定内聚而发挥整体效用。这是架构性的问题，它牵涉到各个组件之间是否匹配并且可以发挥作用，也就是说，架构是否能够有足够的灵活性、可维护性、有效性和响应的平衡能力，说穿了就是能有效响应客户需求的架构设计。这是赋予概念完整性的能力，它有着一种天生的复杂性，为了让团队能够克服其中的复杂性，必须建立良好及有效的沟通机制来适度降低复杂性，这可以依靠一种看似重复工作但又像是设计的行为来实现，我们称之为"重构"。

重构（Refactoring）

改进不只是为了满足客户需求，改进之所以必要，是因为复杂系统的某些效果在设计时未能受到充分理解。重构是一种按部就班的设计方式，就是先设计让它能起作用，了解它的缺点，然后再对设计加以改进，这便是**重构式的设计**。

重构式设计属于浮现式设计。一般的工程师只是把重构当成重新整理程序，在重整的过程中尽量让输出/输入的结果不变，只改善程序代码的正确性与简洁度。这是基于测试驱动开发的理论所发展出来的重构方式，其目的与基于浮现式设计所做的重构是不同的，后者是用来改善设计的。

如果是基于测试驱动开发重构，第一个重构动作应该是重新命名变量或函数。如果是基于设计的重构，第一个重构的动作应该是拿解决的问题套用现有的设计模式，看看是否能找到合用的模式，然后进行延伸式的套用让模式融入到现有环境中。

有以下两种不同目的的重构。

- 为了解决程序稳定性及增加可维护性的重构。
- 基于浮现式设计所做的重构。

一般而言，在采用敏捷迭代开发方式时，都会害怕这种增量式开发方法会把架构设计弄得支离破碎，许多设计一直被需求变更弄得失去效用或成为累赘。请注意一点，出色的设计本来就应该随着时间的改变而能持续演进，因此重构式设计正好能够符合这个现象。

重构不是一种浪费，当我们在向客户提供商业价值时，重构反倒是避免浪费的方法之一。

1-3-7　着眼整体（See the whole）

一个系统的好坏不是由单一组件来决定的，也不是各部分的总和，还要加上各部分相互的协作能力。

—— 玛丽&汤姆·波彭迪克

这一段话拿来描述由人所组成的开发团队也十分适用，一个产能好的开发团队需要的不只是几个出色的工程师，团队的协作能力也是效能的一大因素。

局部优化易造成舍本逐末

开发团队需要注重全局，要避免局部优化！这里所谓的"局部优化"，是指单位与单位之间或公司与公司之间协作开发时，会刻意夸大自己在合作事件上的重要性，这种做法会让自己做的那一部分增加被重视的比例而失去凝聚整个系统的重要性。当然，这种想法也适用于开发团队，大家都强调自己开发这部分的重要性，也一样会造成局部性能的受重视，而失去兼顾全体的性能。同样也会发生在个人身上，如果人们在开发一个系统时，处处都优先考虑自己的专业兴趣而忽略整体性的考虑，则产品就会出现局部优化，导致共同利益受到损害。

如果在开发上过度注意细节，在执行上也都可能发生局部优化。

- **因为过度注意细节而容易产生局部优化**

  运用连续目标来修正短视可能是最有效的方式。为团队制定一系列目标，可以让团队不过度注重于细节，能够自动克服这种容易让人不能自拔的陷阱。举例来说，移动设备 UI 显示的重要性是不容忽视的，当大家对显示画面都有意见的时候（人的审美观是很难一致的），团队就很容易落入一改再改的现象而耽误进度；如果能紧守目标，让网页真正要表达的意图能够明确传达给用户，目的就可以算达成了，也就不会因为局部因素而耽搁进度。

敏捷迭代开发所采取的方式是，让细节被较短的循环所约束。每一个迭代之间以达成既定目标为前提，就不怕过于注重细节而产生局部优化的现象。运用目标来驱动实操，可以避免过于关心细节而造成局部优化的问题。

- **因为考绩的因素而容易产生局部优化**

  2014 年日本索尼企业的巨大亏损，该公司宣称是因为不正确的考绩方式所造成的，而这已不是第一个因为考绩方式而导致企业失去竞争力的公司（外传微软总裁鲍默尔也是因为不正确的考绩方式而导致微软战斗力下滑）。管理学上著名的**霍桑效应**（Hawthorne Effect）是指由于受到额外的关注而引起努力或绩效提升的情况，正好可以说明因为绩效考核方式而造成员工为了求得好的绩效刻意去做有利于绩效却无助于生产力的工作。

- **因为合约的因素而容易产生局部优化**

  签约的目的是保证一方能够相信另一方会履行合约的内容。签约的方式可能是固定价格的合约、可能是多阶段的合约或是目标成本的合约，但考虑只有一个，即交付完整的产品。

其实客户需要的不是软件，他们要的是解决他们的问题。

但合约的内容将牵引着双方走向合约上可以确认的项目去做开发。在项目的时限结束时，客户会得到合约上验收项目的组合，而不是一个完整的、用来解决他们问题的系统软件。这就是跟着合约走的问题，到最后你只会依据验收的项目一股脑儿完成项目，完成的部分就只有验收项目的部分，合约会带你局部优化软件。

那敏捷又能如何处理合约呢？**敏捷式合约**，当客户尝试过第一次与敏捷开发团队的合同之后，在下一次签约时，对签约的内容就变得不是那么在意，**真正重要的是如何把需求描述完整**。因为我们把开发工作切分成一个个的小周期，而每一个周期的产出客户都看得见，而且还可以就展示的结果反馈意见，让产品适当加入真正需要的功能或者是变更设计。用来配合一个一个迭代开发的是指定需求（Product Backlog）的优先级别。

让需求有优先级别，彻底瓦解局部优化

很多正在学习 Scrum 的人士都容易忽略确定需求优先级别的重要性。将这些需

求积累起来一个一个做下去，每每做完一些需求客户就可以看到成果，满意的话，就继续做下去，不满意，就变更需求。这样做下去的结果应该预期到，那就是还没来得及把需求全部做完，客户大概已经急着要求先上线，因为你已经解决了他的问题！

1-4　结论

当你站在战情室（War Room）的屏幕或是团队的工作看板前面时，大量的信息充斥着整个房间，待决定的事项一条跟着一条等着你来定夺，到底如何做决策呢？这个时候任何拖延都可能导致最后失败的因素，应该依据什么来做决定呢？前面提到的"精益七大原则"正是用来协助决策的。我知道，你可能根本没有郭台铭才有的上面这种排场，你可能只是站在为数不多的团队流程看板前，只有少数几个人等着你的决定，不用怀疑，同样的"精益七大原则"在这里也一样适用。

从哪里开始呢？先从消除浪费原则开始，凡是没有增值的工时就是浪费的，但是请先判断它是属于直接的浪费或是间接的浪费活动，在非必要的情形下不要消除间接的浪费活动，因为删除它也将连带失去它所带来的间接效益，而这些效益通常都是无形而难以衡量的。

七种浪费的类别（**部分完成的工作、额外过程、多余功能、任务切换、等待、移动、缺陷**）是我最常拿来解读**看板方法**的依据，每每在设计看板形式时，总会想办法把这些特性直接包含进去，让它能够自然发生，只要有所遗漏就赶紧贴上一张贴纸或是加上特殊注记，就为了避免遗漏。但是缺失偏偏就是不小心才会发生的事，所以熟背这些原则，在解读看板时可以帮助你不容易遗漏缺失。把它背下来吧！把它们熟记下来吧！如果实在记不住，做个标语把它放在看板旁边也成。

精益开发
与
看板方法

LEAN SOFTWARE DEVELOPMENT：
UNDERSTANDING KANBAN METHOD

第 2 章

看板方法

2-1　看板的由来

20世纪40年代后期，丰田从对超市的研究中找到一种绝佳的设计过程。他们注意到，店员运用自己商店的库存记录，而不是供货商的供应进货项，并只有在该项即将卖完之际才再下订单进货，这便是著名的"实时（Just In Time）零库存管理"。他们到底是怎么做到的呢？简单说，便是通过可视化管理（Visual Management）的方式来达成更好的沟通，而他们所应用的沟通工具，正是一块"看板"（Kanban），这就是看板的由来。日语的 Kanban 是"信号"（visual signal）或"卡片"（card）的意思。

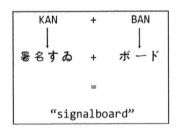

图2-1　日语的 Kanban 也是招牌的意思

看板（Kanban）是一种统称，一般所讲的看板指的是制造业运用丰田管理下运作的任务板称之为 Kanban Board。运用在软件业上则通常会在后面加上开发（Development）一词，代表它所指的是软件业的看板；正确的命名是"看板方法（Kanban Method）"，是由看板方法之父大卫·J. 安德森（David J. Anderson）在2005年首先成功运用在软件开发上，并一直到2007年才正式正名为"看板方法（Kanban Method）"的一套实践框架。

2-2　何为"看板方法"

所谓的"看板方法"（Kanban Method），是一种运用精益原则来控制流程的方法，它具有四个基本原则及六个实践。

不是说看板方法非常简单吗？怎么会有这么多原则呢？别担心，这四个原则是多出来的叮咛，因为担心你一开始就做错了方向，所以就啰嗦了四句，它所指的是实施看板方法时所要注意的事项！至于六个实践是讲述执行看板方法的步骤，其实当你做完前面三个步骤就可以开始运行看板工作了，后面三个则是让你再更上一层楼时可以拿来运用。后面我们将依序一条一条来说明，但若是你急着了解看板方法是何物，想要赶快使用它，则可以先跳去阅读如何执行个人看板的章节，看完以后再回来。

以下是四个基本原则（Foundational Principles）。

- 原则 1：从既有的流程开始（Start with existing process）
- 原则 2：同意持续增量、渐进的变化（Agree to pursue incremental，evolutionary change）
- 原则 3：尊重当前的流程、角色、职责和头衔 （Respect the current process，roles，responsibilities and titles）
- 原则 4：鼓励各层级的领导行为 （Leadership at all levels）

以下是六大实践（Core Practices）。

- 步骤 1：可视化
- 步骤 2：限制半成品（WIP）数量
- 步骤 3：管理工作流程
- 步骤 4：让规则明确
- 步骤 5：落实反馈循环
- 步骤 6：由协作改善，经实验演进

看板定义

"看板"是一种改变管理方针的手段，它不是软件开发、项目管理的生命周期或是流程，它是在现有软件开发生命周期或是项目管理方法中引入变化的手段。

看板是一种通过渐进、演化过程来改变组织系统的方法。

——大卫 · J. 安德森（David J. Anderson）

看板的本质是一个很单纯的想法，那就是半成品（work-in-progress，WIP）必须加以限制。

——大卫·J. 安德森（David J. Anderson）

所以我们可以简单地描述看板方法为半成品（WIP）的约束系统。

2-3　看板方法四大基本原则（Foundational Principles）

想要实施看板方法或是进一步了解看板方法，请依照这四个原则加以思考。

2-3-1　原则 1：从既有的流程开始

目的：通过优化现有的过程来驱动改革。

看板方法能够迅速崛起的最大要素可能要归功于这个第一原则，这个原则的目的是"通过优化现有的过程来驱动改革"，但这样做就能够保证成功吗？不见得，下面是实际执行时的致胜诀窍。

我们用一个例子来说明。首先假设你正在准备一场演讲，这是一场 50 分钟的演示，而你想要在 5 分钟内就能迅速俘获观众倾听的心灵，如何开始呢？

第一个诀窍：先从取得认同开始

你必须先取得听众的认同。OK！5 分钟过去了，你怎么知道已经取得听众的认同了呢？对演讲而言，听众的眼神与频繁的点头可能是最基础的认同，演讲者在侃侃帮助主题的时候就可以很容易观察到听众的反应，观众的眼神与点头正是告诉讲者你得到基础的认同了。（一种公认最佳、最快取得听众认同的演讲内容，便是讲故事！一个 3 分钟的故事，可能是取得观众认同最快的方法。）

第二个诀窍：讲者也是听众

接着呢？试着让自己由主观的第一人称的演讲者，走向客观，与听众成为相同的第三人称。让听众感受到你跟他们站在同一阵线，而你的任务是来协助他们尽快理解这个主题。"协助与理解"是这个阶段的主要目的，当听众意识到演讲者是来协助自己理解这个主题时，戒心与防线就会大大地降低下来，所谓的喝倒采与不以为然的表情也会消失殆尽，你会发觉讲者与听众已经站在同一阵线了（当你听见台下听众不经意地发出一些认同的声音，例如"喔~原来如此！"便是了）。

第三个诀窍：让听众在愉快的心情下共同合作与学习改善

然后呢？用听众的掌声来确定你们合作的默契，并尽可能让听众吸收到最重要的信息。这便是讲者最后的责任，接着要继续努力改善听众的接受度，多一分努力，听者就可以更清楚地感觉到学习的愉悦，这就是了（注意：与主题有关的笑话可能是快速进行愉悦学习的最佳方法）。

这个例子跟第一个原则有什么关系呢？上面的例子演示了成功演讲的三部曲。

1. 取得认同。
2. 同一阵线的相互协助，增强理解。
3. 愉快的共同合作，持续改善学习效果。

"从既有的流程开始"代表的是由认同走到协助与理解。先用肯定的方式：认同既有的工作流程就是对原来团队的付出予以肯定，肯定对方的贡献可以降低在角色上的对立关系；有了认同与肯定才能够再进一步产生合作与改善的关系，也就是不分你我，大家一起来从事改革的工作；接着要让团队看得到可以改进的地方，并愿意主动从事改善的工作。就是这样的过程让大家很容易接受看板方法，进而能在阻力最小的情况下实施改革。

说穿了，诀窍就是认同与理解（Understanding）。当听众与演讲者之间没有间隙，当开发团队与改革者之间站在同一阵线，接下来才有可能同心协力一起追求持续改善。

这样做一方面所承受的阻力较小，另一方面又容易看到成果。如果今天负责推动改革的人是我们，你会怎么做呢？或许你会先拟定好改革的步骤，然后按部就班地实行，但是经验丰富的安德森却选择**先找出改革最大的阻力**，然后就从这里开始。

改革最大的阻力是"人"，因此他将启动看板方法的关键放在变化越少越好。他说："你必须要抵制住改变工作流程、职位名称、角色及职责，以及当前在用的具体实践的诱惑，不要试图改变这些，要改半成品（WIP）的数量、与上下游的接口及互动的方式。"而做法呢？把现有的价值流程图画出来，不要试图改变它或重新发明一种理想的新过程，等流程图呈现在大家面前时，再依照精益原则来思考如何加以改进。

从既有的流程开始是反省与检讨，并不是改革。工程师拒绝改革的理由很多，最基本的理由是："请说出来我们哪里做错了，知道哪里做错了才能够进行修正，一旦修正掉错误的地方，不就可以了吗？没必要进行大幅度的改革。"对，这种思维正是安德森所想要的思维，一种渐进式的修正，让敏捷精神以一种渐进的方式融入团队。所以，从既有的流程开始不但让我们受到最小的阻力，而且能够凝聚团队尝试改进的热诚，也完全符合提升团队质量的做法！

2-3-2　原则2：同意持续增量、渐进的变化

因为前提是在阻力最小的情况下做变革，因此不做大幅度的变化，依循敏捷开发"小步快走"的精神，让所有成员同意处于小阻力之下进行变革。这里，我想介绍一下实施变革时可能遭遇的压力情境。

图 2-2 是主管都应该知道的改革过程：萨提亚变革模式[①]，纵轴是效能，横轴是时间。

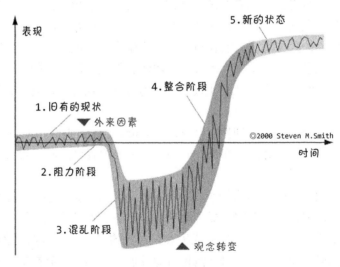

图 2-2　组织对变革响应的五个阶段

---

① 萨提亚变革模式（The Satir Change Model）是美国著名的心理学家维吉尼亚·萨提亚（Virginia Satir）在治疗家族团体疗效方面的研究成果（http://stevenmsmith.com/ar-satir-change-model/）。

1. 旧有的现状（Late Status Quo）

这是在引进外部变革元素（Foreign Element）之前的状态。团队处在一种稳定的关系之下，由于大家都熟悉它的运作模式，即便是效能不佳或是处于不合理的压力下，大家还是相对容易获得归属感和认同感。通常，团队处在这种情境之下都不会有太频繁的沟通。

2. 阻力阶段（Resistance）

当外来的元素进入团队时，成员中有的会观望，有人会立即表示意见，而持相反意见者就会形成一股阻力，阻碍导入变革因素。这是一段推行变革接受阻力的时期，一开始团队会试图守住现状，所以必须依靠不断沟通来协助团队走出最初的第一步。

3. 混乱阶段（Chaos）

进入旧有的现状与变革之间的模糊状态，团队表现恐慌、不稳定。团队介于放弃既有的已经熟悉的规范，并准备迎接尚未完备的新规范，此时成员会处于焦虑、不稳定的状态，主管必须有心理准备，这段时期的产能较低。

在这个阶段，所有成员都需要协助，承认自己的恐惧，专注于自己的感受，并能够使用他们自身的支持能力来度过这个时期。管理者尤其要切记，没有所谓的银弹可以瞬间缩短这个阶段的时间，混乱阶段是在转型过程中的必经之路。

4. 整合阶段（Integration）

改革被接受，团队不再恐慌或混乱，一切都逐渐就位。当成员逐渐发觉并感受到新的改变确实带来了许多好处时，有些人就开始歌颂新制度的优越性，此时相对于阻力阶段，新的规范又显得被扩大而夸张了它的效能。

其实，成员在这个阶段更需要细心的辅导，学会他们如何正确运用新的事物，因为好的开始可以减少未来许多可以避免的错误发生。另外要注意，这个时期特别容易产生挫折感，严重时甚至会让成员放弃学习新知识的机会，主管要适当倡导这是机会而不是命运的正确人生观。

5. 新的现状（New Status Quo）

改革完成后产生了新的现状。如果整个变革的过程能够精心的规划及实行，团队在接受新的规范之后逐渐形成新的运行模式，此时团队又回到一种稳定的关系之下继续正常运作。

图 2-2 是萨提亚变革模式，它在描述当团队引进新的工作流程时会遭遇的一种典型改革反应过程，当然这个 J 型的模式也可能是向下的[①]，也就是在改变之后，效能反而变差了，这个时候就表示你做错了，得赶紧回头。主管必须预期有这样的状态转变需要克服，先准备好应变措施就可以相对地缩短第 2 时期（阻力期）及第 3 时期（混乱期）的时间和范围。

如何正确应变呢？**达成一致（Agreement）是第一准则**，最好能够事前先进行沟通，取得团队成员的同意。通常，自我管理的团队[②]对变革的接受度比较高，但频繁的变革仍然应该避免，以小幅度的增量方式渐进改革，才是第二原则的要求。

2-3-3　原则 3：尊重当前的流程、角色、职责和头衔

对于现有的流程、角色、职责和头衔，都应该给予肯定，避免做太大的改变，目的是能够顺利推行看板方法，让原本组织能够在微量变化之下开始接受看板方法。

身为主管，在准备推动新的变革时，第一个考虑通常是先决定由谁来执行，传统的做法是由执事者自己做决定，也就是说，我们只要决定由谁来负责就可以了；但对看板方法而言，这个时期的异动越少越好，尤其是角色的变换！若能够在看板方法执行之后再视贡献来做角色的异动，会得到较佳的效果。这个意思是说，在变动之前，主管什么事都不能做了吗？实战的建议是"攻心为上，攻城次之"。

规划未来通常能带给人们希望，但在变革之前要确保，不是只有一群主管充满期待与希望，期待变革后带来的种种效能，这是十分危险的一件事！因为不论是哪一种

---

① 敏捷开发不是一种万灵丹，尤其在实施的过程中，一种所谓的 Agile But 或 Scrum But 就是最大的杀手，详见附录。

② 自我管理的团队是一种由下而上的管理方式，它一旦形成之后，便会显得十分坚固而稳定。任何外来的变革务必要能先取得团队的认同，一旦达成一致（Agreement），便容易水到渠成，顺利推广。

敏捷方法，都主张团队自我管理，这个主张不是说当主管辛辛苦苦地完成变革后，再把它交接下去给团队，非也！要形成自主的团队，当然是从变革之初便开始着手。主管们不用太担心如何设计这样的情境，其实在变革当下，尊重（Respect）是团队最渴望的需求。

尊重有一种魔力，有一种能把"命运变成机会①"的力量。传统的权威领导制度常常让下面的成员默默承受不合理的规范，久而久之，工程师们对工作上的不满便持续地积累下来，日积月累在缺乏沟通疏导的情形下，最后形成一种职场里的悲观思维，凡事总是推给命运，是命运造成这一切不顺心与失败。这种悲观的思维是造成效率低下的原因之一，对团队是一种伤害，主管也应该责无旁贷的将团队的士气带动起来，尤其在面临变革之际，由自怨自艾的命运思维转向开朗充满创造力的机会式思维。

经常沟通是打开这种心结的好方法，但起始点必须是尊重，这是一种肯定，能换来团队的信任，是变革之前的镇定剂，它也往往能够缩短先前提到的 J 曲线第三阶段混乱期的长度。别小看它的影响，以人为本，尊重人性一直是敏捷开发最重要的精神，正如敏捷宣言的第一条宣言所说的"个人与互动重于流程与工具"。

前面三个原则在提醒你避开人为的阻力，目的是让看板方法能够顺利展开，避免在还没进行改革之前就先遇到阻力。

2-3-4 原则4：鼓励在各个层级上发挥务实性领导行为

没有特定的领导人！应该关注的重点是，大家是否能够对现有工作流程具有持续改善的精神，那才是最重要的事。原则 4 在强调推行看板方法并没有特定的领导人物，能够层层负责②，由各个阶层真正了解看板方法，并主动出来担任领导的角色，

---

① 是"命运"或是"机会"？常常有电视节目运用这种手法，让观众朋友猜测奖品放在哪一个门的后面，很明显的是用二分法来降低中奖的机率，老实说没有什么诀窍，你只能靠猜！但用在团队的协同合作上就完全不是那么回事了，一定要让团队朝正面思考去应对变化，务必以"机会"来看待它，因为只有乐观的态度才能影响命运。

② 敏捷方法的推行工作宜"由上往下"，成功的机会才会大，但让它能够持续有效的运行则是"由下往上"的团队自我管理行为。上面这种说法运用在较大的组织上面时，层层负责就变成关键了，取得分层之间的信任才是能否持续推展的关键，所以在一开始能够拥有健全的各阶层领导干部，是大的组织推行敏捷开发不可或缺的成功要素。

这才是领导人物最好的选择。也就是让全员都能自我约束，团队进行自我管理，这正是让看板方法不只是昙花一现，而能够不断地持续改善的根本原则。

2-3-5　四大基本原则的意义

四大基本原则的最大意义在追求一个好的开始，前三个原则在提醒你避开人为的阻力，第四个原则则告诉你，让对现有工作有改进热情的人浮现出来，让团队能够审视自己现有的工作流程，并找出可以改进的地方，经过讨论后改善缺点变得更好。它想表达的是：请正视现有的流程，在团队和谐的前提下，通过改善使其价值得以凸显出来。

> **TIPS**
> **当主管与工程师进行一对一的约谈时，要如何来进行这种面谈呢？**
>
> 以下是我的建议——运用"看板式"的面谈方式。
>
> 如何与工程师面谈？通常面谈都会有它的特定目的，以达成这个目的来进行面谈当然就不会错了。但这一点用在以写程序为首要任务的工程师而言，它就成为次要的工作了，管理人员常会说这个工程师好宅喔，他的思考模式真是天真！其实这个时候面谈的人就应该自我检讨了，刚刚的面谈并没有让工程师打开他大部分的思维，认真的回答你，他大部分思考能力可能都还沉浸在思考如何针对特定程序的解题模式下，只用很小一部分与你在进行交谈。
>
> 那么该如何进行呢？第一步**看得见**（Visualize），先让工程师知道自己在团队中的角色；再来呢，让工程师清楚知道自己**要如何改进**，怎么做才会变得更好（注意！是别人眼里的更好，而不是自己象牙塔里的更好），要经常问自己，怎么做才能够让团队因为自己的表现而效能更好？最后，让工程师知道在团队中如何**经营自己**。讲得似乎简单了一些，但没什么能比**看板**更能真实呈现团队的真实工作状态了。相同的道理也适用于团体的活动，怀疑吗？不如试一试吧！

2-4 为何要使用看板方法

看板方法想要达成以下两个目的。

1. 实践工程师能够在敏捷开发中以一种持续的步调工作，而免受无穷无尽的需求所困扰，搞得精疲力尽（希望工程师能够在正常工作下，活得快乐一些！）。

2. 在最小的阻力之下，将敏捷方法成功推广到整个企业（希望能够顺畅且成功推广敏捷开发）。

这是看板方法之父安德森第一次采用看板方法的时候心里想达成的两件事。2004年，安德森受上级指派前往微软一家子公司负责推行敏捷开发方法，那时候的他担任产品经理人的职务，由于已经有相当丰富的项目经理经验，也知道子公司的工程师大概会有什么样的反应，因此他选择阻力最小的方式，也就是让工程师们自己主动进行改善的方式。但是万万没有想到看板方法居然具有如此强大的效能及改善能力，从此以后，一提到采用看板方法，大家想到的就是流程效能的极致化，也就是持续追求效能改进的方法。当然，看板方法绝不止于效能的追求，但目前我们还是先把它界定于此，因为这样有助于我们快速学会如何运用它（在下一章里，我们会用六个实践来体验看板制作的步骤）。

看板方法能够协助我们做到一个首要目标七个次要目标：

- 首要目标：优化现有的流程
- 高质量交付
- 提升前置时间的可预测性
- 提升员工满意度
- 为改善留出盈余时间
- 简化优先级排序
- 使系统设计及运作透明化
- 设计能够打造高成熟度组织的流程

首要目标：优化现有的流程

- **贡献看得见**：通过看得见的流程、看得见的瓶颈、看得见的问题、看得见的浪费……，针对这类只要看到之后就容易进行调整的症状，运用可视化流程做到持续改善、继续调整流程的贡献。虽然**看得见**（Visualize）不是灵丹妙药，但却是一种不折不扣的最佳做法。例如测试的工作，与其大量做猜测式的测试，还不如在开发之初就针对需求把测试用例写好，让看板方法协助在文件阶段就开始查错，让测试计划与开发计划一起透明化展现在看板上面，此时产品的质量自然也会渗入其中。这是它正面的部分，但还是有负面的地方值得注意，就是那些看不见的地方，要知道不是做完所有的测试用例之后产品就没有缺陷，还有许多在测试用例之外的缺陷是看不见的，同样需要操心。

- **设限半成品（WIP）数量**：通过限制半成品数量来取得"盈余时间"，是平衡多任务浪费的最佳解决方案，也就是让工程师做对产能有帮助的事，比做一大堆半成品更有价值。这一点最有意义的地方是，工程师可以利用盈余时间来写文件或交叉测试，另外，拿盈余时间帮助学习成长也是很好的投资。

- **调整就是持续改进**：看板上显现出来的问题，团队一起分析和讨论找出解决方式，然后尝试调整改进，这正是敏捷开发所追求的渐进式的开发方式。丰田式管理认为只有在生产一线的工作者才是最熟悉流程的人，如果可以让他们自行视状况做决策，应该是最合适、最正确的决策。同样的道理，只有写程序的工程师才知道程序目前的状态，何时必须做怎样的调整，所以程序的作者才是最适合做调整的人，**让他们自主调整才是最具有效能的改善。**

高质量交付

想要产品有好的质量怎么办呢？**"重视它"**是提升质量最有效的方法！是的，就只是重视它，质量就会开始变好，这正是所谓的**霍桑效应**[①]，即只要你一开始重视，

---

① 霍桑效应（Hawthorne Effect）或称霍索恩效应是管理学的一个名词，它是指由于受到额外的关注而引起努力或绩效上升的情况。这个现象常常在棒球场上上演，当投手连续被击出安打的时候，投手教练就会上投手丘安抚，其实教练并没有说什么特别的话，只是寒暄二句，但据大联盟（MLB）统计，这个行为可以增加投手 15% 的防御率。

质量就会开始变好。看板方法是直接把它（测试、验收）当成一个开发流程的字段，然后进行流程控制，每完成一个工作项就立刻做测试，摒除传统测试必须冻结程序开发，而后排定时间进行 α 测试及 β 测试[①]的方式。让测试与程序开发并行，自然会强化交付的质量（要提升质量，我通常建议客户由重视质量开始做起，运用的方法是牺牲所有会议的前 5 分钟来讨论缺陷 bug，不管开什么会，会议开始时一律硬性规定这么做：先来讨论 5 分钟如何改善缺陷，不用多久质量就自然而然有所改善了）。

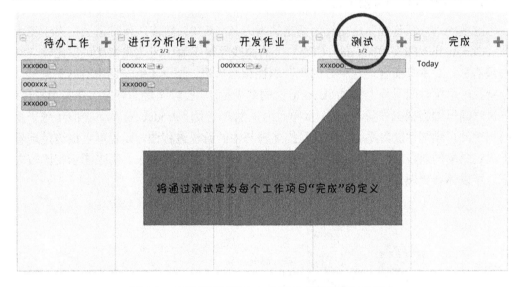

图 2-3　直接将测试排入每个工作项目的开发流程中

　　敏捷测试的精髓在于能将质量持续注入产品的开发过程中，它的做法是让每个开发的工作项目都用测试来做验证，只有通过验证后才算真正"完成"（done）。由图 2-3 可以发现，开发与测试都是工序，这也说明了测试与程序的开发工作是同样重要的事情。

　　许多国外的软件公司确实都已经这么做了，在软件项目的人力规划中，一个程序

---

① α 测试是指软件开发公司运用内部人员模拟成各式各样的客户，所进行的内部测试工作。经过 α 测试之后，软件公司将这个版本发布给特定选择有代表性的公司进行外部测试，这个特定的版本就称为 β 版本，而称此测试为 β 测试。近代的软件在开发时间大量缩短之下，测试大部分都已经融入开发之中，因此大部分的公司已经很少再用这二种测试方式。

设计师就会搭配一个专职的测试人员（微软的软件开发部门已经这么做许多年），实际上的测试人员与程序设计人员的比例是一比一。但这一点对人力资源没有那么充足的软件开发公司就很难实施，必须有多一倍的人力才可能做到，真正实施起来确实有些困难，怎么办呢？看板方法正好可以运用排队理论与多任务的思维来解决这个问题（详细的解决方法请参考下一章对如何进行多任务工作的介绍）。

提升前置时间的可预测性

这里的"可预测性"是指经由**稳定的半成品（WIP）**数值，使得记录在累积流程图（Cumulative Flow Diagram，CFD）上的曲线显得**平滑**，因此我们就可以比较容易去预估它。对主管而言，这种好的可预测性相当珍贵。图 2-4 的左图中有四条曲线，分别描述单位时间里停办事项（Backlog）的减少量、单位时间里的开发工作量（Dev）、单位时间里的测试工作量（Test）及单位时间的产出量（Production），当曲线越平滑则相对的可预测性就越高。右图则是描述理想中的看板流程图，读者可以很清楚地看出固定斜率的斜线就是我们预估的理想状态（WIP 值始终不变）。两张图示相比较之下，可以体会到现实与理想的差距，还真是不容易预测。

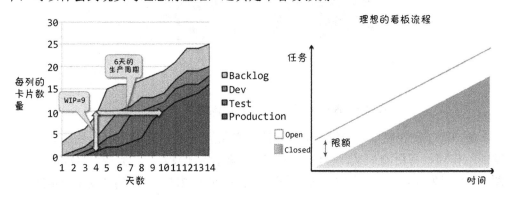

图 2-4　累积流程图（CFD）

前置时间越长，越容易引起缺陷率呈非线性增长（这是观察到的普遍现象，目前尚待理论的佐证），但避免前置时间太长是必要的措施之一。

提升员工满意度

看板方法从一开始便认为被压迫的员工不见得能有高效能的表现；反之，员工在满意的环境下容易受到激励而有高效能的表现。

我们已经提到过几次看板方法如何来增加团队的效能，它们大都是数据化，可以度量，这一点是看板方法能被制造业所接受的地方。但其实在实施精益原则的时候，精益的精神同样具有相当大的影响，一个能够让员工满意的企业，经营成功的机会自然会上升；同样的原则可以延伸到开发团队身上，一个满意度高的团队，自然会有较好的输出效能，因此提升员工满意度也是增进团队的方法之一。

为改善留出盈余时间

平衡员工的生活与在不影响产能之下的适当盈余时间，能让员工有更多的时间与机会学习和成长，公司也会因为员工的成长而间接提升战斗力。下一回我们再来谈盈余时间（Slack），即安德森所称的产生盈余时间（Create Slack）。

信息快速起飞的时代大家都更忙碌了，更没有时间学习与成长，所以企业会随着潮流的变化快起快落，过去所谓的"十年河东，十年河西"的变化，现在可能要缩短成一两年之间就会有大起大落的改变。敏捷方法所带来的竞争力提升，是一种改善开发方式的良方，而看板方法则通过改善流程所产出的盈余时间直接帮助团队成员。我过去做顾问的经验中，在引入新改革方法的时候，首先要做的便是为团队找时间，要知道一个没有时间的团队根本很难再去学习新的东西。秉持着"要找时间"这种想法，我的第一步动作通常是先进行流程改善的工作，想办法在实质上通过流程的改善为团队找时间，当找出可以运用的时间，团队才可能学好一种新的东西，相对地我的顾问成功率才会提升，这一点还需要组织领导者的配合才可能成功。

简化优先级排序

并非所有东西都能用精确的数据来表达它的重要性，当我们刻意或过度追求这些数据时，反而容易适得其反。一个现实的例子是索尼的员工考绩评估，由于过度追求精确度（这是典型的政策执行复杂化，造成战斗力的大量消耗所带来的后果），因而造成公司战斗力大幅度下滑，以至于在市场上无法与对手竞争，并造成上百亿的亏损。因此，适度的抽象化各个功能之间的优先级是一个既简洁又可以节省时间的动作，例如：对各个工作事项采用"高、中、低"三种层级的分类，或是参考 Scrum 在计划会议时常常采用的 MSCW（必须要有 Must have、应该要有 Should have、能有很好

Could have、不必要有 Won't have），也相当可行。当然，实施的方式影响也相当大，不能只有抽象化考绩的评等，实施细节的简单化更是不可或缺的要素。

使系统设计及运作透明化

"透明化"几乎是所有敏捷开发方法都强调的重点，原因是敏捷开发强调团队自我管理，而团队要能够做到自我管理，必须有一个先决条件，那便是项目开发流程的透明化。团队成员必须知道自己在做什么？这些工作对团队有什么影响？弄清楚才能够发挥自己在团队中的影响，从而做出贡献。所以，项目的透明化是团队运作的基础。

看板方法实施的第一步骤是"可视化"。可视化无疑已经奠定了极度透明化的基础，而更进一步，它把"静态"的透明化演进为"动态"运作的透明化，让不只是主管而是全体成员都能知道整个流程的运作，这一点使团队成员容易发挥自我管理的效能，对管理而言弥足珍贵。

静态的透明化 VS. 动态的透明化

透明化应该只有多寡、深浅之分，哪来静态与动态的区分呢？请听我说，我们往往假设团队的成员都有一定的技术水平，对敏捷开发方法也有着相当的认知，但这种假设通常都与事实不符，因为很少有团队能够做到阵容整齐、一致。团队的阵容总是有强有弱，有资深的和资浅的，有刚进来的也有一直想出去的，有科班出身的也有转行过来的，有熟悉数据库的也有只会处理用户接口的前端工程师，各式各样的工程师你都可能遇到，而大家所看到的项目透明化也一定不相同，至少不会与屏幕上图片的透明度一样。

当大家一起站在看板的前面时，所有的信息都写在看板上面（包括 Scrum 著名的站会的三大问，[①]），但每一个人的解读就可能不太一样！所以看板上所提供的信息对大家或许是相同的，这种陈列在看板上的信息我称之为"静态的透明化"；而有人认知较深、有人则意会得较肤浅，这种超越视觉的、在认知上的差异我称之为"动态的透明化"。

我们可以让团队通过站会一起在看板前面讨论工作流程，但很难想象工程师的脑

---

① 站会的三大问：1）从昨天到现在我做了什么？2）今天我准备做什么？3）是否有遭遇到什么困难？

子里到底在想些什么？也不可能做到团队成员对看板上的信息都有相同的认知。通过看板，我们可以很容易做到静态的透明化，但是必须想法子让工程师通过讨论或互动教学等方式，让成员做到动态的透明化。要知道，透明化不是主管单方面的责任，若要达到团队自我管理，则一定要想法子①迈向动态的透明化，之后才可能发挥看板方法持续改善的效果。

设计能够打造高成熟度组织的流程

看板方法的拉动系统（Pull System），能够适度在组织管理上显现出团队自我运作的独立性，提升组织运作的成熟度，而逐渐影响到企业的精神文化。"能够渐进地影响企业的文化"这一点早已是精益软件开发（Lean software Development）的基本特色了。

丰田精神被软件界的先驱玛丽&汤姆·波彭迪克解读成精益软件开发的七大原则，这七个原则最大的目的就是在通过精益的精神，让组织底层的工程人员能够学习到一种自主式的拉动精神，晓得在工作流程里扮演好自己的角色，主动做好自己的工作，借此由下而上改善企业的成熟度。虽然我们都知道，改革的动作通常都是由上而下运作才容易获得成功，但精益的精神则告诉我们要通过持续改善，不止是由上往下，更要由下往上才能形成自我管理的团队，并获得全面性的成功。

2-5 哪些地方可以运用看板方法

一般认为，看板应当是运用在需要高效能的制造业上，但其实看板是一种流程控制的方法，因此只要有流程的地方，基本上就可以派得上用场，并没有局限于制造业。如果从精益开发的原则为出发点的话（就是第 1 章的七个原则：**消除浪费、增强学习、尽量延迟决策、尽快交付、授权团队、嵌入完整性、着眼整体**），则看板方法可以适用于各行各业，即使是很难数据化的工作，例如几个比较有趣的地方：公园赏花人数流量的控制，位于东京市区的皇居东御苑公园，对园内参观人数的管制就是使用看板②；

① 我们会在第 4 章的"运行看板方法的简单规范"一节里谈到解决之道。
② 资料来自看板之父安德森的亲身体验。

或是著名的麦当劳得来速（Drive-Through）流程，日本星巴克咖啡，甚至台湾一些传统饮食店习惯用夹点餐纸条的方式⋯⋯等行业也都有用到。本书把焦点放在软件开发以及可以运用于个人身上的看板方法。

看板方法运用在软件业

- **运用于"软件开发"**

  看板方法属于敏捷开发的一员，但因为它只专注于流程的管控，因此也能够适用于非敏捷的阵营，而且即使是运用在传统的开发方法当中，对于开发效能仍然有显著的帮助。

  看板之父安德森称看板方法为一种限制半成品（WIP）数量的流程管制，它不是一种开发方法（虽然它是在软件开发的环境下创造出来的），虽然它也很适合拿来管制软件开发时的流程，但它仍然只是一种运用于精益原则之下的高效能流程管制。目前有许多专家正不断为它加入新的元素，希望它能成为一个完整的开发方法，因此就诞生了 Scrum + Kanban = Scrumban 等结合 Scrum 和看板的新开发方法[1]，这对于那些既熟悉 Scrum 的运作又想要取得看板效能的开发人员而言是一个莫大的帮助。

- **运用于信息中心**

  维护工作一直是看板方法表现得最好的领域，这也正好是其他许多敏捷开发方法最受人质疑的地方。平心而论，维护工作就是接到请求后，便设法解决问题，然后在适当的时机进行部署，替换掉先前的问题。这种直观的工作，实在也没有必要运用敏捷开发的渐进式开发方法或是切割成多个迭代来完成，直觉地采用看板方法的流程控制方式，恰好最能满足客户急着获得改善的需求。

  "看得见的多任务工作"[2]这是我最喜欢推荐给 IT 部门主管的运维利器。它

---

① Scrumban 为柯里·拉达斯（Corey Ladas）所创，宗旨为将你现在使用的 Scrum 延伸到看板方法（what you do now is scrum and you apply Kanban）。

② 这是我对 IT 部门每个人都在盲目做多任务工作的戏称，因为有些主管经常向我抱怨，现在的工程师远不如从前，过去我们一个人同时做许多件事情，还能游刃有余，现在的年轻人完全不行了，多要求一些就做不来，动不动就要离职。

的功能是让 IT 部门知道自己在忙些什么？一般 IT 部门为了维持正常的运作，必然会产生工程师每个人同时背负多个任务的状况，使工程人员不得不经常性加班，工作常常因此而延误。为什么呢？有些工程师忙得要命，却也有人轻松地闲在那里，看板方法是解决这个问题的良方，就是让忙碌能够看得见，为什么看得见呢？因为它们（所有的工作、由谁来做、谁负责什么）都陈列在看板上面，因此就无所遁形了，这是看板方法六个实践的第一条——可视化（Visualize）。

- **运用于"软件测试"**

  所谓**"看得见才能测试"**，所指的是运用看板方法让：（1）开发流程与测试流程能够透明化，让我们看得见瓶颈所在；（2）让测试工作井然有序，让主管及团队成员都能知道整体的进度（这是拉动系统适用在测试工作上的一个最佳佐证）。

运用于个人：个人看板（Personal Kanban）[①]

看板方法也能够运用在个人身上，值不值得采用呢？当然值得，因为团队的效能[②]绝对会因为个人效能的提升而得到改善。因此，不只是开发团队应该采用看板方法，个人也应该将它来运用于生活。我们将在第 5 章谈到个人看板，运用提升个人效能的敏捷方法。附件里的精益咖啡（Lean coffee）则是一种个人看板运用，应用在团队交互学习的讨论会。

运用于云端：自动化流程控制

目前几乎所有制造工作流程引擎的厂商都在考虑如何引入看板方法，原因很简单，因为它可以让整个团队看到流程上的瓶颈，然后借此持续提升效能。这种观念正逐渐侵入自动化领域，过去自动化流程就是一心求快求精准，进入到云端领域后，大部分人还以为就是朝向无边界的方向追求，甚至有人以为让程序代码优化都是一种浪

---

① 个人看板为吉姆·本森（Jim Banson）所创，请参考 http://www.personalkanban.com。
② 提升团队效能的两个基本方法：1）提升团队的协作能力；2）提升团队成员个人的工作效能。

费，因为云端太无限了[①]，应该足以忽略它。几年过去了，对云端的错误观念已经逐渐修正过来，对于效能的追求还是应该一步一脚印，只有仔细计算才会有精确的数值，而看板方法限制半成品的数目反而能够增加效能的理论，一样适用于云端环境。

2-6　结论

安德森认为由于看板方法的适用性十分宽广，所以一直到目前为止，他还没有看到运用看板方法反而得到负面效果的地方，但是他相信一定会有其他敏捷方法在许多应用上比看板方法表现更好，这是必然的，他也期待它们的出现。但现在仍处于看板方法早期的应用，它仍在持续发展中，相信未来会有更多的发展。

看板方法与其他敏捷方法的区别在于，它的目标是持续追求效能。相对而言，如果用它来处理一个完整的软件开发项目，你会发现它既没有需求描述，也没有完整项目时限预估或是会议制度，在许多地方都显得不足且缺少完整性，所以就目前的看板方法而言，称它只是一个流程控制法则一点也不为过。因此，我们可以如下归纳：

看板是运用于流程管理和改进的一种高效能方法。

---

① 这是早期云端运算工程师们在观念上的谬误，误以为从此内存的边界问题，CPU 的效能运作问题都不会有了。后来看到云端只是大量 CPU 的集合，内存则区分多种等级，以不同的大小提供计费方式，并未能真正享用到所谓无边界的效益，所以只能期待未来真正云端操作系统的诞生。

精益开发
与
看板方法

LEAN SOFTWARE DEVELOPMENT:
UNDERSTANDING KANBAN METHOD

第 3 章

看板方法的六大核心实践

依据六个实践（Core Practices）来实现看板方法，是现阶段实践看板方法的基本步骤；一般来说，只要完成前三个步骤就能够看到看板方法的雏形，后面三个实践是用来增强、反馈及持续改善流程的，我们另外用"策略"来称呼。若运用看板方法的目的是使用个人看板[①]，实施前二个步骤就够了。

- 步骤 1：可视化（Visualize）
- 步骤 2：限制半成品（WIP）数量（Limit Work-In-Progress）
- 步骤 3：管理工作流程 （Manage flow）

- 策略 4：让规则明确（Make policies explicit）
- 策略 5：落实反馈循环（Implement feedback loops）
- 策略 6：由协作改善，经实验演进（Improve collaboratively，evolve experimentally using models and the scientific method）

3-1 可视化目前的工作流程

"可视化"是指把工作流程"画"出来，也就是把产品开发作业所进行的工作步骤，用简单的图形描绘出来让大家都看得见。换句话说，就是我们自问怎么工作？然后具体地把它画出来。

范例一：bug 的修复作业流程图示

图 3-1 是缺陷（bug）的修复作业流程图，它包括 bug 修复作业的一道一道关卡，每一道关卡下面都记录它所花的时间，整个流程从通报缺陷（Bug found）的电话记录报告开始，一直到修改后正式交付（Release）的时间（单位分别以"分钟"及"天数"表示）。我们将增值的部分与全部花费的时间进行比较，得到下面的结果：

有附加价值的时间总和（Value added time）

$$= 2 \text{ mins} + 5 \text{ mins} + 5 \text{ mins} + 1 \text{ day} + 2 \text{ days} + 0.5 \text{ day}$$

（虚线部分） $= 3.6 \text{ days}$

----

① 个人看板请参考本书第 5 章或 Personal Kanban 101 网站的说明。

全部时间总和（Total Time）= 33 days

Value added time（3.6 days）/ Total Time（33 days）= 11% 产出率

通过可视化现有的价值流程图，我们可以将整个流程忠实地显示出来。图 3-1 的结果产出率是 11%，这个数据代表我们进行一项修复工作的产能，是我们努力追求改进流程的依据，当然，百分比越高代表效能越好。

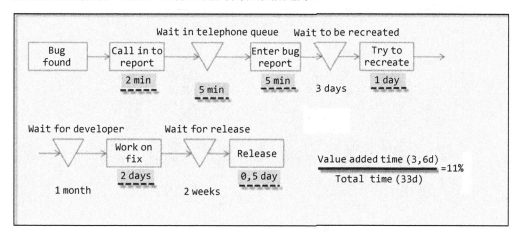

图 3-1　bug 的修复作业流程图①

通过这样的简单图示，让我们看到增值部分所花费的时间以及浪费在非增值部分所消耗的时间。通常主管只要看到这种图示后，关注的重点马上就会放在最大的浪费或是最需要改善的节点上，免不了又要一阵人仰马翻！但请回想一下上一章的几个叮咛，也就是看板方法的四个基本原则，那几个原则就是因为担心你一开始就做错了方向，一开始就大肆改善起流程而忘了看板方法真正推行的目的（是为了运用限制 WIP 的数量来改善流程），而可视化只是它第一个实行的步骤。

不要被上面的数字蒙蔽而改变了初衷，我们的目的是正视这个开发流程，那些数据可能只是个案或特例，拿来参考一下就好，流程的真实性才是这个阶段的重点！所以建议你暂时拿掉那些数据，反过来讨论流程的正确性、是否合理并足以代表整个工

---

① 本图取自亨里克·克里伯格（Henrik Kniberg）所著的《Kanban 与 Scrum 相得益彰》。这部分内容已并入 2019 年清华大学出版社出版发行的新书《走出硝烟的精益敏捷：我们如何实施 Scrum 和 Kanban》。

作历程？因为接下来我们要将这个流程图映射到（mapping）即将产出的看板，这个动作称为价值流程的映射图（Value stream mapping），简称"价值流程图"。

范例二：游戏公司开发、上市作业流程图示

为了能更熟悉价值流程图，我们再看一个范例。

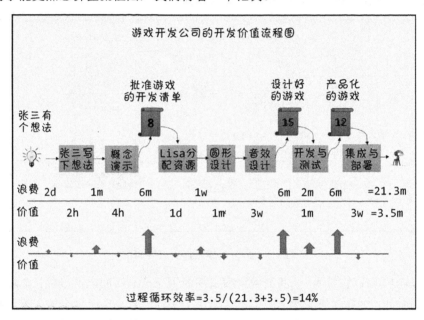

图 3-2　游戏公司开发、上线工作流程图示

图的上半部是开发作业的各个环节，从"张三有个想法"开始，一直到整合后部署，共花了 21.3 个月；下半部是针对它们所花费的时间统计，真正有价值的部分只有 3.5 个月，经过计算后得到的开发效率为 14%。

通过前面二个范例，我们很容易发觉非软件开发的步骤反而是最大浪费的部分。前面二个范例都有非开发作业下的流程作业，因此很容易看出浪费的工作项目（通常都是非开发的作业流程最浪费时间）。

范例三：采用敏捷开发方法 Scrum 来运行 ASP.NET 网页开发流程

接着我们选一个大家比较熟悉的网页开发流程，探讨运用 ASP.NET 进行网页开

发方式，并选择运行 Scrum 敏捷开发方法会有什么样的结果。

图 3-3 中运行的敏捷开发法为 Scrum，这是一个以二个星期为一个冲刺（sprint）的开发团队，这个团队共有 4 位成员，每天以 5 个小时为工时计算，并预设一个冲刺能够完成 5 到 6 个应用程序。

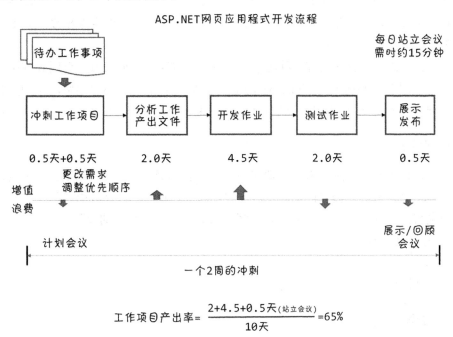

图 3-3　采用敏捷开发方法 Scrum 来运行 ASP.NET 网页开发流程

图 3-3 中把**会议**及**测试作业**视为非增值的浪费行为，而只有**分析产出文件**及**开发作业**视为增值的行为（这一点你或许会有意见，因为测试有它的间接性增值效益，同时站立会议更有它的协作性，关于这一点我们留待后面章节再来讨论），很明显，**会议和测试作业**是最大的浪费，我们得到的工作项目产出率为 65%（你可能觉得应该要有 80% 的表现才达到水平，但其实一般团队能够持续维持在 75% 左右已经不简单了，这一点可以由燃尽图来做对照）。乍看之下，65% 或是 75% 的差异与影响好像不大，但若是考虑整个项目有 100 项以上的应用程序要完成的话，整个开发时间便要相差一个多月了。

价值流程图（VSM，Value Stream Mapping）

从前面三个范例我们已经看到了三个类似的流程图，这种图形我们称为"价值流程图"。价值流程图是丰田精益制造（Lean Manufacturing）生产系统框架下的一种用来描述物流和信息流的形象化工具，1980 年代，丰田公司的首席工程师大田耐一与新乡重夫率先运用去除生产浪费的方法来获取竞争优势，**他们的主要出发点是提高生产效率，而非提高产品质量。**

其实，价值流程图默认有七种图示，但在看板方法上我们大概只会用到其中一种"流程活动图"（Process Activity Mapping），它的目的是要消除浪费，认为只有先识别问题才能改善问题，所以想到要把它画出来讨论是最有效的方法。

绘制看板

有了价值流程图，接下来就是把它绘制成"看板墙"。在工业制造上，它是指产品从原料至最终成品所需的活动；在软件开发上，专注的目标就由产品移到工作者对工作项目的行为上。应该从哪里开始呢？只要下面三个简单的步骤。

1. 先选定范围。
2. 决定工作类型。
3. 绘制看板墙（Card Wall）。

1. 先选定范围

首先决定需要包含进来的工作项目，先设定起始点及终点。要确定的是这个需要包含进来的工作项目，是我们可以控制的吗？若是无法控制的起点，最好以批注的方式或把它视为外部（例如：合作伙伴）的输入点，主要考虑的是它的输入特性（例如：瞬间大量的输入特性或是连续稳定输入的方式），而没有必要把它归纳在看板上。"选定范围"是一开始最重要的步骤，选定起点与终点的工作可能会影响到实施看板方法的整体效能，所以往往并不容易做决策，但有一个简单的原则可以参考，那就是试问一下："它是我们可以控制的项目吗？"

2. 决定工作类型

典型的工作类型有需求（Requirement）、功能特性（Feature）、用户故事（User

story)、用例（User case）、变更请求（Change Request）、产品缺陷（Production defect）、维护工作（Maintenance）、重构（Refactoring）、错误（Bug）、改进建议（Improvement suggestion）、阻碍性问题（Blocking issue）等等，先决定要让哪一种东西在看板上流动。一般是根据工作项目的来源、工作流程或规模来定义不同的工作类型，市场上的电子化看板都附有许多现成的模板，可以善加运用。电子看板十分好用，在许多方面都会经常用到，所以请特别注意命名，记得给自己一个简单的规则来依循，以便于未来容易搜寻。

图 3-4 是几种常用的看板类型，明显的看板命名应该与其工作类型相吻合，然后再进行定制，这会让它变得有意义且容易记忆得多（图中第一个命名的"My board"可能是最糟糕的命名[①]，请务必避免）。

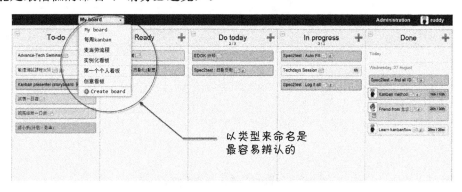

图 3-4　以工作类型命名看板

3. 绘制看板墙

看板墙（或称卡片墙）是用来呈现针对工作项目所进行的活动，而不是用来描述特定职能或职务的活动，要注意的是对工作项目建模而非工作的人员。先画草图是一

---

① 在使用工具时通常都会有预设的命名，程序设计人员最容易犯的第一个错误就是直接使用工具的预设命名，例如 WindowformApplication1 或是 Demo 以及大家都熟悉的 Testing123，二天以后可能就没有人知道它在做什么了。所以下一回请记得用一个稍微有意义的名称，如果正要设计这种预设的命名字段，请多花些时间给一点创意吧！（我习惯把可以删除的目录或档案命名为 YKK，这是依据著名的品牌来命名的，以便自己在需要整理硬盘空间时知道先从哪里动手。）

个简单的开始，但老实说我已经很久没有画草图了，因为数字看板太方便了！现在我都是借助于数字式看板直接在上面修改图形，画完了就可以立刻跟团队成员讨论，找出遗漏、错误的地方，相当有效率（图 3-5 取自 Leankit.com）。

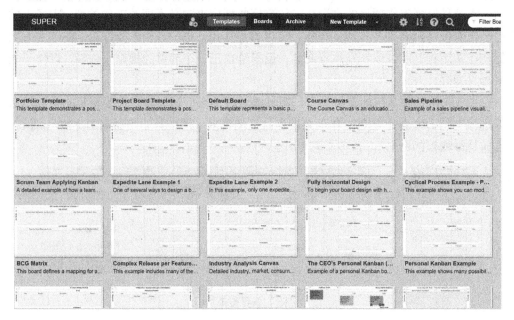

图 3-5　由数字看板工具所提供的范本

看板之父安德森曾经说过，优秀的团队坚持使用实体的看板，这一点我完全同意，但是我通常会要求二者都使用。数字看板便于个人使用，让我时时刻刻都能思考或检查看板的状态，也便于远程使用或讨论（真正有问题的反而是团队成员经常使用不同的数字看板，意见很多，解决方法是办一个用户说明会，让他们相互竞争、各自展现所能，这是最好的教学了，效益很大，让团队一起做决定能发挥自我组织的功能）；而实体看板则便于站立会议式的讨论，效益也最大，是实时决策的最佳方式，不能缺少（战情室里耗资耗时的大型电视墙就是这个道理）。

图 3-6 中，我们运用前面的"范例三：运行 ASP.NET 的网页开发流程"，运用三个简单的绘制步骤，绘出我们的第一个看板。

我们采用看板运作的原理，由左向右、由上向下来绘制"ASP.NET 的网页开发流程看板"，它包含 5 个垂直的字段，一个标题及一个管理员，5 个字段是由"范例三"的价值流程图（图 3-7）对照而来。

图 3-6 是运用电子看板工具所制作出来的，字段右侧的+号是用来新增卡片使用的，我们并没有为每个字段填写半成品（WIP）的限制数，那是下一节的工作。

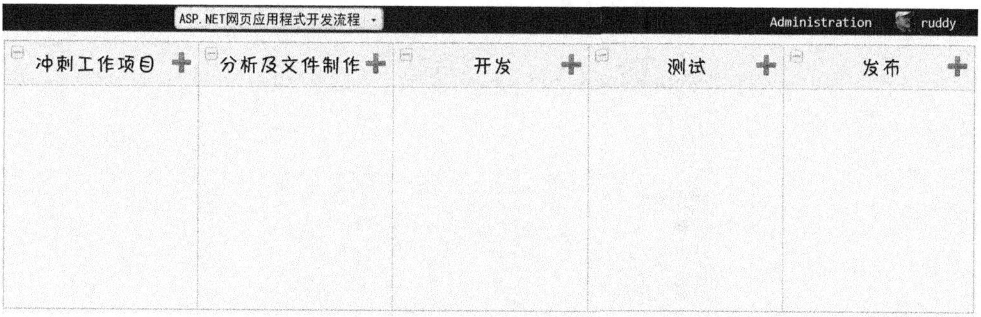

图 3-6 ASP.NET 的网页开发流程看板

ASP.NET网页应用程式开发流程

| 冲刺工作项目 | 分析工作产出文件 | 开发作业 | 测试作业 | 展示发布 |

图 3-7 范例三的价值流程图

TIPS
将工作项目制作成卡片

如图 3-8 所示，卡片上的说明要能够让人一目了然，重点是醒目并且能够快速辨识，并尽量考虑到实体看板与电子看板并存的状态下皆可以采用的卡片撰写模式。

- **卡片流水号**：配合需求编码或产品代办事项（PBI）编码的识别代号
- **优先级别**：采用容易判别的先后级别即可（例如：1~900、A~E 或 MSCW）。
- **简称**：字数较少的文字说明
- **说明**：字数较多较完整的文字说明栏
- **负责人**：此工作的负责人名字

- **起始时间**：列出此项需求的起始日期时间
- **消耗时间**：已经花掉的工作时间
- **现状**：显示这项工作目前的状态，便于多方向的查询
- **卡片显示设置**：颜色、种类、链接等

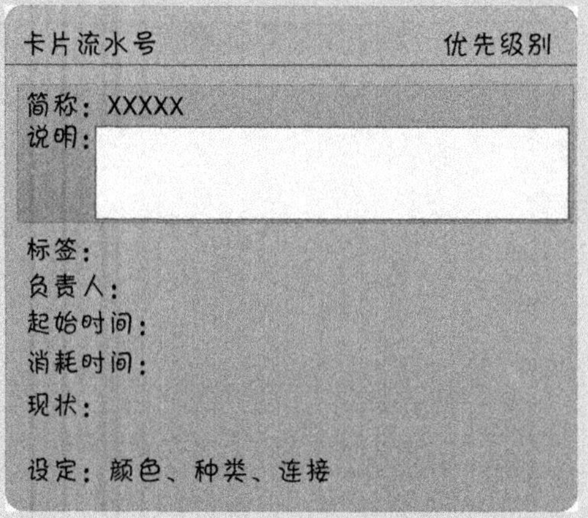

图 3-8　看板卡片

最后我们小结一下这一节的内容：可视化是完成看板墙布局设计的第一步；接着将一个一个工作项目制作成工作卡片，然后对这些卡片进行优先级的排列；再接着把它们放到第一个垂直字段内（上例中的"冲刺工作项目"），然后就可以准备进入下一步：限制半成品（WIP）数量。

3-2　限制半成品（WIP）数量

为什么要限制半成品的数量呢？有两个理论让我们依循：一是"利特尔法则（Little's law），它是由麻省理工大学斯隆商学院（MIT Sloan School of Management）的教授约翰·利特尔（John Little）于 1961 年所提出与证明的，它是一个有关前置期（lead time）与"半成品"关系的简单数学公式，这个法则为改善精益生产方向指明了道路。

另一个是"多任务是不好的"（Multitasking is evil）[1]，它的目的在说明人类在多任务情况下的表现会不如单项作业，原因是工作切换之间会浪费更多时间，而且人类在做工作转换时容易出错。

3-2-1 利特尔法则

一般人都以为外卖窗口在客人大排长龙的时候销售出去的量一定最大，但是事实上这是错误的观念，请看这个公式：

$$产品产出率 ＝ 半成品数 ／ 制造周期$$

这就是**利特尔法则**，有趣的地方是当半成品的数量增加到某一个数量时，由于制造周期的时间被拉长，反而会让产出率降下来。接着我们就以麦当劳的得来速（Drive-Through）为例[2]，找出当有几辆车在排队等候点餐时才有最高的表现。

- **产品产出率 TH**：客户拿到餐后离开的数目
- **半成品 WIP**：排队的车辆数
- **制造周期 CT**：指一辆车由开始排队到拿完餐需要的时间

此时公式变成下面这样：

$$客户拿到餐后离开的数目比率 ＝ 排队的车辆数 ／ 由开始排队到拿完餐需要的时间$$

情境描述：麦当劳的得来速共有三个窗口，第一个窗口接受订单，需要 20 秒的时间；第二个窗口负责收费，需要 30 秒的时间；第三个窗口给餐，需要 40 秒的时间。

状况一：当只有一辆车的时候，CT = 20 + 30 + 40 秒 = 90 秒，TH = 0.01111（当 CT 值为最小：代表出餐速度快，但产能 TH 值不佳：太小）

状况二：当同时有五辆车的时候，CT = 200 秒，TH = 0.025（CT 值不佳：代表出餐时间加长许多，但产能 TH 值最大）

---

[1] 多任务（Multitasking）这个词汇来自计算机界，那是 IBM S/360 在文献上所记载的，时间是 1965 年。那时，主机只有一颗 CPU，必须依靠许多多任务切换理论来达成同时处理多件工作的目的，故称为"多任务"。

[2] 在 Youtube 上有视频可供参考：https://www.youtube.com/watch?v=W92wG-HW8gg。

图 3-9 是排队车辆由一到五辆的统计结果。

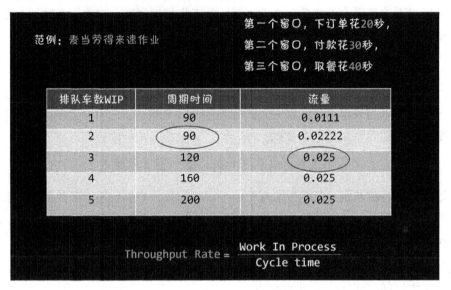

图 3-9　麦当劳得来速产出率

图中第一个字段为 WIP（Work-In-Process）值，即排队的车辆数，当排队车辆为 2、3 辆时，产出率 TH 及点餐周期时间 CT 表现最佳（也就是当 2 辆车在排队时，由开始排队到拿完餐点所需时间最短，只需 90 秒；而当有 3 辆车在排队时，此时拥有最佳的产出率 0.025），至于其他排队数目 1、4、5 辆车的意义也就不大了。

这是一个有趣的结果，图 3-10 告诉我们，当排队车辆在 2、3 辆车的时候，客户可以最快拿到餐点，窗口的产出也最佳。所以呢？

如果你是店长，请告知柜台服务员，当连续点餐到第四位客户时，你可以停下来去协助其他工作（专业术语称之为"盈余时间"，这是可以善加运用而不会影响产出的时间，例如拿来做备料或是整理工作……都可以），因为继续点餐作业只会增加整个流程的作业时间，让客户等得更久。但如果客人已经排得不耐烦，还是赶紧去服务他吧！服务第一，毕竟让客人感觉服务的好坏更重要。（相信我，客人是不会在乎利特尔法则的）

利特尔法则让我们知道如何追求最佳产出率，它也是丰田企业持续追求精益生产的最高法则，同时也让我们看到盈余时间①。看板方法的两个目标就在这里：一个是追求最佳产出率，另一个则是要消除盈余时间。

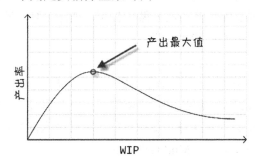

图 3-10　利特尔法则产出曲线（半成品与产出比的曲线图）

对于工作流程而言，盈余时间是一种浪费，绝对应该消除；但对于项目开发而言，盈余时间是一种"**工程师的福利**"，可以拿来做很多的运用，其中一种能够帮助工程师持续成长而颇有价值的便是"学习"，在这瞬息万变的信息世界里，成长与学习真是太重要了。（团队要做出超过其力所能及的效能时，只有一种方法可以做到，那便是团队的成员正处于高度学习当中，因此可以预期他们做到超过能力所能做到的事。）

3-2-2　多任务是不好的？看板方法如何处理多任务

理论上，我们都能接受"多任务是不好的"，但是现实偏偏就是这样，当有三件事需要两个人同时进行时，就一定有人必须同时做两件事情了。多任务常常是被迫的，当然有时是必要的，那看板方法教我们如何处理多任务呢？

- **单工的考虑**

  一个人同一时间只做一件事时效能最高②，所以当团队有三个开发人员，此时可以考虑把 In progress 字段上面的 WIP 值设为 3，也就是每人最多同

---

① Pert 计划评估和审查技术（Program Evaluation and Review Technique），最早是由美国海军在计划和控制北极星导弹的研制时发展起来的，时间在 1950 年左右，那时就已经可以拿来计算盈余时间。

② 可参考 Multitasking is evil（https://vimeo.com/88757179）视频的说明。

时做一件事。反过来说，在设定"个人看板"的时候，In Progress 字段通常应该是 1，也就是一次只做一件事，相信这个时候你的工作效能最好。可惜的是，我们很少能做到一次只做一件事，忙碌总是不请自来！因此考虑如何多任务又能获得高效能才是重点。

- **多任务的考虑**

  当有限的资源遇到突如其来超过原有资源数量时，排队现象（queuing）就产生了。如果我们不想产生排队现象怎么办？那就只好增加人力资源；但没那么多人可以加入怎么办？那就只好要求一个人同时做好几件事了，也就是进行"多任务作业"（Multitasking）。

虽然我们都知道多任务一定会损失效能（在转换工作的时候一定多多少少会消耗人的精神与时间），那看板方法又是如何来处理这种现象呢？有下面两种方法供选择。

1. 将 WIP 的数值调大到你愿意承担的排队的最大值，然后再视状况依次递减下来。例如，假设最大的瞬间流量值为 9，就把 WIP 值设成 9，理论上这样就不会有任何阻塞。看起来很合理，但如果工程师只有 3 个人，那每个人最多同时必须做三个工作！可行吗？试一下不就知道了？行不通就向下修正，直到行得通为止。

2. 预设每个人需要承担的多任务数目乘上人数作为 WIP 值，用最小值的方法做设定，然后再视状况依次递增。例如，假设工程师有 3 个人，那就是每人一次只做一件事，将 WIP 值设为 3，如果觉得产能不佳，就向上修正看看，持续改善直到行得通为止。

两种方法都有人用，见仁见智，请视状况尝试看看，选择哪一种方法都没有关系，因为重点在调整的方法上头。当尝试调整到让"产值"与"一个循环所需要的时间"能够达到满意的数值，就说明这就是你的"平衡点"。

平衡点

看着看板上的各个字段，为了追求流程的最高产出，我们必须在每一个字段的最上方做设定，设定这个字段所允许的"工作项目的限额"（见图 3-11），我们称它为"半成品"（WIP，Work-In-Progress）。

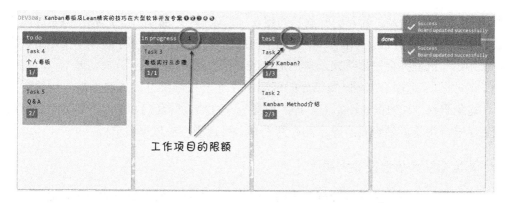

图 3-11　在字段上设定 WIP 限额

这个限制半成品数量的动作，可以让我们借着调整工作的需要时间（Cycle time）来改变生产率（依据利特尔法则），因而得到最佳产能（其实没有所谓的最佳产能，它只是我们不断追求的一个目标，而我们一直在做的只是调整平衡点而已，并希望能够通过这样的调整获得满意的产能，更接近最佳产能）。

这个平衡点看起来蛮单纯的，但执行起来还需要在团队中多考虑、多取得工作上的沟通与认同，处理人的共识有时比找出平衡点还重要，必须先与上下游之间有共识以后实施起来才不至于造成困扰。接着我们就来走一回最基本的 WIP 制定原则。

3-2-3　怎么样的数值才会让人满意呢

怎么样的数值会让人满意呢？"累积流程图"（CFD：Cumulative Flow Diagram）[①]的曲线能够达到平滑。上面提到的两种方法，一个是由大到小，一个是由小到大，目的都在不断尝试找出产生阻塞时的 WIP 点，找出来之后再依据现况来判断考虑调上或调下（找到平衡点），也就是以曲线能否达到平滑的地步来做 WIP 值的调整依据。

不可避免的缓冲区设计

在瓶颈前设置"缓冲区"（Buffer），这是一种充分利用瓶颈处资源的典型做法。缓冲区的大小很重要，它就跟排队（Queue）一样，会增加 WIP 的数量，请注意，

---

① 累积流程图的说明，可参考 https://ruddyblog.wordpress.com/2014/10/11。

当 WIP 的数值越大，就表示前置时间越长，所以 WIP 数值越小越好。但是这两个数值间接改善了曲线的平滑度，也增加了曲线的可预测性，提高了决策的准确度，它也使得工作流程不会停顿下来，从而加速了交付的速度。

缓冲区的运用可以确保瓶颈处的资源一直处于工作状态，从而提高资源的利用率，避免阻塞，真的很好用！但一样的前提也一再地提醒我们，千万不要为求敏捷而牺牲质量，主管们最想要的除了高产能之外，可预测性应该也很重要。

到底排队大小要设多大呢

要你凭空设定一个数值好像蛮难的，但其实运用过一轮以后就知道了，把它设得比产出速率大一点点就可以了，目的当然是让流程不中断。例如：团队每周可以交付 5 个工作项目，而针对排队的补充速率是每周一次的话，那把它设成 6 或 7 就可以了，至于是 6 还是 7 就看交付速率的稳定度来决定，一般而言，7 应该比较好一点。什么时候才应该调整这个排队大小的数值呢？

当团队提前完成时，若是才过星期三，团队就已经达成 7 个工作项目，接着就会产生很多的盈余时间，团队成员会觉得太轻松（通常老板会看不下去），这就表示排队大小明显可以再调高到 8。调整的状态经常受工作项目的难度所影响，到底哪个数值才好，应该是随着工作的难易度动态调整，运用实时的判断来做调整，没有必要太伤脑筋或执着于某一个数值，因为它是相对的！

3-2-4　根据请求的多寡分配产能

基本上是依据请求的多寡来分配产能。图 3-12 是我的个人看板，我运用颜色来区分不同类型的工作，黄色是我的正常工作（教学、演讲）占 50%，蓝色是我正在编写的程序占 20%，绿色是对我的健康有帮助的工作项目占 20%，红色是家庭事务占 10%，我是依据工作对我的重要性来做百分比分配的。

一般对资源的分配可以视"请求的多寡"来分配，但工作类型才是真正的依据。例如 bug 就是一个特别的类型，当程序有严重、紧急的错误发生时，可能需要较多的资源或立即处理；但也有不是那么紧急的问题，可以放置一段时间再处理。因此也不能忽略工作项目的大小、重要性等，这些因素也是调配产能的一种依据。

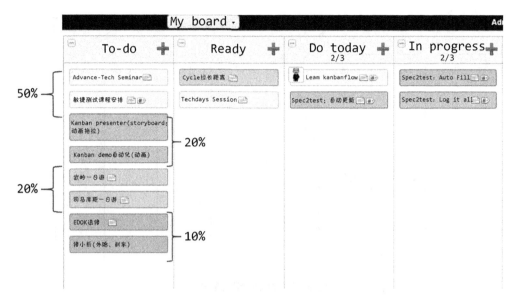

图 3-12 根据请求的多寡来分配产能

　　如果想运行个人看板，完成前面这二个步骤就已经够你开始制作个人看板了，接着可以跳到第 5 章个人看板的章节，体验一下看板可以为个人提供的功能，但我想劝你再多一点耐性与时间读完下一节之后再开始。

3-3 管理工作流程

　　我们先从一个典型的看板墙开始说起，看板流程是由左向右，由上向下流动，但分析解释看板的动作则是由后往前，也就是由右往左解释。以图 3-13 为例，先看到右侧最后一个字段是空的，意思是没有工作到达这里，为什么呢？是哪里卡住了呢？继续往左看过去，原来是**测试和验收**的环节卡住了，出现了瓶颈的现象！

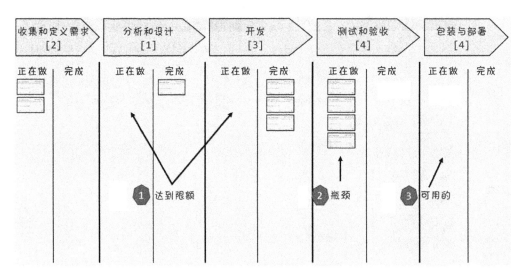

图 3-13　典型的流程管理

图 3-13 中每个字段都用组合的方式命名（除了"开发"之外），目的是要说明工作流程其实是可以再细分的，我们刻意用"抽象化的包装"[①]让流程的步骤更明显些，看起来较完整（例如第一个字段一般会用"to-do"或是"需求"作为标题，但是我们刻意把它写成"收集和定义需求"，下面的 [2] 表示 WIP 值）。其实每一个工作字段都可以再划分成"正在做（doing）"和"完成（done）"，之所以这样来画这一张看板图示，是为了方便大家看到状态的因素，然后再来思考如何管理。下面逐一说明图中的几个状态。

- **状态一：分析和设计与开发的字段出现达到限额的状态。**

  是 WIP 设得太小了或是开发速度变慢了（有开发人员请假），也有可能是需求不够小（或是这个工作项目比较难），都有可能，追问下去就知道了！

- **状态二：测试和验收字段出现瓶颈。**

  测试出现瓶颈是最常见的状况，尤其在整个项目的第一个开发周期（Sprint），因为工程师需要时间磨合，这个阶段最常听到测试人员抱怨开发工程师到底有没有在做测试。

---

① 下一章会谈到如何运用抽象化来制作合适的看板墙。

- **状态三：包装与部署字段完全空白，为可用的状态。**

  因为测试人员不愿意放行，所以没有东西到达这个阶段。

管理工作流程新定义

流程管理，等同于追求平滑度，时效性，和良好的经济成果，并预测客户的需求。（Manage flow，seeking smoothness，timeliness，and good economic outcomes，anticipating customer needs.）

——迈克·巴罗斯（Mike Burrows）[①]

这个步骤已经由单纯的流程管理，现在变成隐含预测客户需求与兼顾经济效益的流程管理，一下子变得复杂许多。你或许会怀疑，难道过去都做错了吗？迈克·巴罗斯的说法是，在进行流程管理之前，请先问自己：

知道到底你要交付什么、给谁以及为什么。

（Know what you're delivering，to whom，and why.）

仔细思考一下这一句话，自然能够意会到他的真正意思是**以客户为关注焦点**。看板之父安德森（David J. Anderson）在处理这一阶段的工作时，采用的是与客户直接沟通的方式，他要求两件事：一是希望与客户能够固定每周会面一次，讨论调整需求的优先排序；二是团队不再进行估算的活动，交换的是，确保交付期在 25 天之内，并且以此作为度量的标准，达到按时报告准时交付的达成情况。

这样的行为实质上是把焦点放在客户身上，团队以开发客户所要的功能为依归。你可能会觉得好冒险喔！这么做，先决条件必然很多，万一客户根本弄不清楚他真正要的是什么呢？万一客户做到一半突然换人呢？诸如此类的情形当然都可能发生，但这就是我们在考虑如何管理流程时所要考虑进去的，而不只是把焦点放在看板上面。

这是真的！没有估算，行得通吗？安德森的团队做到了！请参考《看板方法：科技企业渐进变革成功之道》（*Kanban：Successful Evolutionary Change for Your Technology Business*）的第 4 章。

[①] 著名书籍 *Kanban from the Inside：Understand the Kanban Method* 的作者，他以另一个角度来描述看板方法。

追求平滑度和时效性（seeking smoothness and timeliness）

在丰田式的管理理念下，看板犹如巧妙连接各道工序的神经而发挥着重要作用。追求平滑度所指的是累积流程图所显示出来的各个曲线，当曲线越平滑，表明进度就越容易预测，决策者越能据此拉长有效的范围。但这一点对运用在软件开发上的看板方法而言，就感觉好像少了一点什么东西。这是因为软件的变化性实在太高，处处都必须多考虑、多保留一些容错度（在硬件的领域里容错度[Tolerance]是一个重要的因素，但在撰写程序的软件领域里还是一个比较新的观念），无法达到制造业在生产作业上的精准度。所以当我们在追求曲线的平滑度时，容错的理念必须包含进来，才能够适应市场上多变的需求。

预测客户的需求（anticipating customer needs）

"预测客户的需求"这句话好像是业务人员才会用到的词汇，怎么会在看板方法中出现呢？原因有二：第一是因为我们经常在开发一些不是客户真正想要的功能，另一个是我们做了一堆功能但从头到尾没人会去用它，而这二个问题实际上都可以通过看板方法得到改善。

软件工程师都知道程序开发的过程基本上就是一种学习的过程，一开始我们是想办法了解客户的需求，然后基于对需求的了解开始尝试设计解题方法，然后运用程序来实现它，接着再通过测试验证自己做得对不对，最后才交给客户使用。在经过这个冗长的开发过程之后，如果最后的结果是前面那两个理由，那从头到尾就都是一种浪费，完全不符合敏捷的精神。因此当我们回过头来思考什么是敏捷精神的时候，就很容易将前面工程师的开发历程转变为：一开始就让客户加入我们的团队，然后在开发过程中持续通过实质的展示来获取客户的意见及验证功能是否符合真正的需求，接着再持续修正需求及开发程序以获得最终的有用产出。这个过程要求客户参与，一同来开发客户真正的需求，在这个过程里客户才是真正的焦点，而持续对产品需求的修正与改善则是我们共同的预测。

开发看板方法的步骤

六个实践中的一到三条属于实操式的步骤，我们可以直接称为"工作步骤"。

四到六条则属于策略式的实践，我们就直接称为"策略"。

3-4 让规则明确

一个简明的范例：遇到阻塞时我们会直接在看板上在造成阻塞的地方贴上一个粉红色的标签。如果状况稍微复杂一些，我们可以制定规范，写在一些明显的地方，或是制作成看板运作的辅助说明。

贴粉红色的标签表示阻塞，这已经是一个长期运用于看板运作上的习惯，不知道是谁第一个这么做的？但这不重要，有意义的是，这么做之后，大家都知道是怎么回事。这便形成了共同的认知，这种共识能增强团队沟通协作能力，使得团队战斗力更上一层楼，而这正是本策略所要谈的"如何制定明确的规则"。

先有共同的目标

在管理上我们经常呼吁团队要同心协力，但光这么想是没有用的，要有"共同的目标"才是协同合作的前提。你可能觉得很有趣，在一个办公室一起工作的伙伴当然有着共同的理想和共同的目标，大家是在为此奋斗的。但实际上这是一种有偏差的想法，因为没有人会有着相同的家世背景，既然不完全相同，那又怎么会有相同的理想呢？

然而看板却可以在一块板子上做到视觉上的一致性，再来呢，就是在策略上能够制定简单的规范让大家有着相同的守则可以遵循，这样做很自然会形成大家在工作上拥有征服共同目标的理由。

在看板上的"共同目标"就是克服阻塞让流程顺畅以获得最佳产能。

工作方式

团队需要明确的规则来告诉我们如何工作，所谓的规则其实就是指大家要如何让工作项目能顺畅地在看板上流动。举几个例子来说明：碰到严重的缺陷时，该如何处理呢？针对缺陷区分严重等级，拟定相对的缺陷处理原则。在何种情况下可以有特殊急件不需要依循看板的流程呢？遇到紧急事件时，我们通常会在看板下方另外开一个泳道（swim lane）来处理这些需要额外处理的工作。针对不同类别的工作项目，团队又需要针对它制定哪些特殊的规则呢？

遵循半成品的限制

身为客户代表的 PO（Product Owner，Scrum 开发架构中的一种角色）[①]可能是最常挑战 WIP 限制的人物，每当遇到阻塞，总会有人后悔当初把 WIP 值设得太小而企图引发一场是不是要立刻修改 WIP 值的争论。但是不是该做修正，其实是有例可循的，在启用全新的看板时，一开始的 WIP 限额不宜太小，设小了会给组织带来太大的压力，对成熟度较低的团队更是不好。就好像一日看板上的测试（部署）字段，WIP 限额是 1，摆明只要有一个工作项目部署失败，整个流程就会卡关！好处是这表示团队追求高质量的企图胜过产能，即便是一个 bug 也要全员停下来，等它解决之后流程才再继续（这是团队遇到不得不限时交付产品时的通用方法，是一种不得已而为之的不良示范，但是它还蛮有效的，只是在交付后一定要回过头来检讨为何会造成这种情形，这是最劳民伤财的做法，很容易破坏团队的默契，所以要谨慎使用）。

必须这么严谨设定 WIP 值为 1 的时候，一定要事前先沟通，在有共识之后才容易实施。请注意，不设置半成品限额是错误的！使用看板方法之前，千万不要在还没有看到改善之前就因为担心有预测中的混乱情况而先行放弃，这种不设限 WIP 的做法，就说明已经放弃看板方法了。

为服务层级协议（SLA）设定明确的规范

在定义工作类别时，将处理不同层级的服务协议[②]的范围做出明确的规范，让团队知道如何适应它。有时候我们会刻意用不同颜色来做不同 SLA 层级的区分，但这

---

① 请参考下一章的"看板一日游"。

② 服务层级协议（Service Level Agreement，SLA）指的是服务提供商与使用客户之间，就服务质量、水平以及性能等方面达成协议或制定合约。近年来由于云端时代各种服务项目的数量迅速增加，制定服务合约成为了用户的一项重要的保障，而维护 SLA 就必须由工作流程的基本设计开始，所以在看板上必须明确加以规范。

需要时间来养成，有任何修改都一定要再重新倡导（因为错误总是在这个时候才会发生）。

"让规则明确"就是要让团队成员都清楚每一个工作项目在进入与离开每个工作字段的条件（规则为何），也就是说团队成员对工作流程的要求要有一致的认知，只有在明确的做事标准下才不易犯错，也才能做到持续改善。

3-5 落实反馈循环

建立持续获得反馈的循环，这是所有敏捷开发方法一直在追求的，也是敏捷开发坚持质量与以客户需求为前提的开发理念。所谓的"落实"，指的是将反馈取得的信息加以消化，让团队能够持续改善。这里我想强调的是信息来源与落实的关系。

其实反馈是持续进行的，不是等到客户出席展示会议的时候才取得的。我们接着就以反馈的对象来说明为何反馈是无时无刻不在进行的。

来自团队其他成员的反馈

测试人员是团队成员中最好的反馈人员。我们可以从他们的身上取得文字的反馈（测试报告）或是非文字的反馈（在会议上询问测试人员的评论），这类专业人员的评价往往是开发人员最值得参考的地方，因为他融入了专业的意见，常常可以帮助工程师走出程序的象牙塔。

来自自己团队成员的意见经常容易被忽视，因为工程师在写程序时往往会在不知不觉中落入自以为是的思维方式，只是低头埋入自己的工作，很少抬头客观地聆听旁人意见，这也是为何要进行结对编程（pair programming）的理由之一。

来自接收你工作的人士的反馈

在交接自己所写的程序给他人时，一定要获取反馈，有时候我们会采用反向报告的方式来判定交接的对象是不是都懂了。但是这里所指的是观感或是批评，能够获取未来负责维护的人士的反馈，更是有价值的信息。

来自客户的反馈

想获得客户有价值的反馈，需要花一些精力来设计，它是整个团队的责任。平时工程师们总是把思考的重点锁定在程序的逻辑上面，很少思考现在正在做的功能是不是客户真正想要的。但其实客户根本不在乎问题背后的逻辑思维，他在乎的是能够真正帮他解决问题的软件，若是我们做的东西可以让他由浅而深，由不是很熟练到很快就可以上手，或是可以获得比以往更加快捷的操控功能，那就更棒了。

取得客户的反馈要划分阶层范围及它的深浅。首先要决定我们想要什么？是验证客户能否接受设计理念？还是以确认正确性为重点的验证？要采用按部就班的方式来询问客户，才不会因为没头没尾的乱问而得到一堆杂乱无序的回答。所以务必设计好要问什么问题，如此才能获取真正好的反馈。

TIPS
确认反馈的重要性是临门一脚[①]

我们都知道礼记所谓的"善待问者，如撞钟，叩之以小者则小鸣，叩之以大者则大鸣"，询问客户的意见，正有如打钟的人一般，务必从容不迫，而更重要的一点是"确认"，立刻根据这个意见（或是变更、修改）继续请客户以"相互比较"的方式来修正它在需求中的优先级别，这是将客户的意见迅速落实的最好时机。

3-6 由协作改善，经实验演进

这是看板方法与其他敏捷方法之间较有话题的部分[②]，也是很多人容易搞混的地方。因为看板方法讲求的是"渐进式的变革"（evolutionary and incremental），而非

[①] 在 Scrum 开发方法中，Scrum Master 的角色就是负责记录反馈并主动要求修正需求重要性排序的主角。

[②] 一般对敏捷的定义是："敏捷开发是一种以人为核心、迭代、循序渐进的开发方法。"这是在网络上最常见的定义，它忽略了敏捷大伞之下的另一个族群，也就是不以循环为基础而以流程模式为基础的"精益软件开发"（Lean software development）。

一般敏捷开发法所谓的"小增量的迭代方式"（iterative and incremental）。

看板方法在开发上没有切分成小循环的过程，它强调的是"演化"，旨在表明持续不中断的意思，是属于"流程"（flow-based）为基础的开发模式，有别于一般敏捷开发方法（Scrum）以"迭代循环"（iteration-based）为基础的开发模式。

看板方法是一个不断做调整的流程控制方法，这一点跟许多科学的方法十分相似，因此安德森在他的书里探讨如何持续改善的时候，推荐了戴明（Deming）所提出的 PDCA 持续改善模式。

休哈特循环

"休哈特循环"（Plan-Do-Check-Action，PDCA）[1]是一个四步循环，一般用来提高产品质量和改善产品生产过程，这是看板之父安德森在创建看板方法时所受到的另一个影响较大的理论，此理论后来又衍生出"戴明圆环"（PDSA：Plan-Do-Study-Action）。它所针对的是看板方法持续改善的行为，值得在这里讨论。

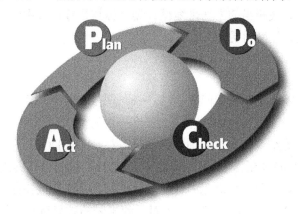

图 3-14　休哈特循环（Plan-Do-Check-Action）

● 规划（Plan）

为产品的可靠度制定计划，包括建立一个明确的目标，并制定相关的计划和

---

① PDCA 是由于爱德华·戴明博士而出名的，很多人认为戴明博士是现代产品质量控制的始祖，但是他在著作里总是把这个循环称为"休哈特循环"。

确定必要的程序。通过这样的方式，让今后的开发过程有更好的衡量标准，以便能够更进一步修正。细项如下：

◇ 决定一个明确的新的工作方式。

◇ 设定一个验收标准。

◇ 定义一个测试周期。

- **执行（Do）**

    执行上一步所指定的计划和程序，收集必要的信息来为下一步进行修正和改善提供依据，包括可靠度作业激励、命令与实施，并在这个阶段里尝试新的工作方式。

- **查核还是研究（Check or Study）**

    研究上一步收集到的信息，和预期设计进行比较，并提出修改方案，包括之后如何改善和完善这个计划，用来提高它的可执行性。

- **修正（Act）**

    这一步是寻找相当的方法来缩减计划目标与执行过程中结果的差距，并且使得下一次计划变得更加完美。

PDCA 循环

在重复使用 PDCA 循环（计划－实施－检查－行动，[①]）时，一旦达到我们制定的第一假设，或者全部推翻，就要开始执行下一轮的 PDCA 循环，这样最终能得到一个非常接近完美的结论。但是必须注意的是，每一个 PDCA 循环必须是完全独立的，尤其是 P 环节的预期目标必须是独立的，如果不这样可能会陷入无穷循环，从而混淆执行过程的缺陷和不可避免的环境变化以及无法消除的系统误差。也就是说，当我们针对字段做 WIP 值设限时，必须对反映出来的结果进行持续观察，然后再去进行 PDCA 循环，再看结果做调整。如此重复这种循环，就可以取得工作流程趋近完美的结论（也就是获得产出率的极大值）。

---

① HP 的基本模型依照的是戴明的 PDCA 循环的理念。

PDCA 循环也用来指导思维模式的建立。丰田汽车经常引用一句话"制造汽车前，先要塑造好人"，丰田和一些人力培训公司发现，使用 PDCA 进行训练后可以有系统的以创新方式顺利解决问题，从而也创造了一种 PDCA 文化。"六西格玛"[①]项目中使用"制定－测量－分析－提高－控制"（DMAIC）来代替 PDCA，并且要求用户要严格提出循环的目的。戴明提出 PDCA 应该是一种以螺旋上升的模式，用来表现旨在达到某种终极目标的知识增长模式。当我们持续在追求改进时，或是强调改进的速率要尽量达到进步的速率时，PDCA 正好能满足我们的这个需要。

3-7 结论

不是说看板方法简单好用又好懂吗？为何这一章如此长呢？[②]很抱歉，是我们一口气把许多相关的知识补足了才会显得又多又杂乱了一些。别担心，本章的结论我们将用宏观的方式为您整理一下。

---

① "六标准偏差"又称"六西格玛"，六西格玛法有两种方法，来自爱德华·戴明的"计划－实施－检查－行动"循环。这些方法中的每一项还包括五个步骤，可以称为 DMAIC 方法（用于改善现有的商业流程）和 DMADV 方法（用于建立新的产品或设计流程）。

② 所有的敏捷方法都是经验主义，也就是说一切知识源于经验而非理性，因此我们要依靠经验来寻求改进，就是迭代（iterative）或是渐进式的变革（evolutionary change），所以这个章节里我们加入许多前人的经验，例如利特尔法则和 PDCA 循环等。

针对六大核心实践（Core Practices）

前三个实践我把它称为"步骤"，按照这三步骤来实行，可以看出看板方法的雏形。

- 步骤 1：可视化（Visualize）
- 步骤 2：限制半成品（WIP）数量（Limit Work-In-Progress）
- 步骤 3：管理工作流程（Manage flow）

后三个实践可称为"策略"，它是实际执行时的指导策略。

- 策略 4：让规则明确（Make policies explicit）
- 策略 5：落实反馈循环（Implement feedback loops）
- 策略 6：由协作改善，经实验演进（Improve collaboratively，evolve experimentally using models and the scientific method）

六大实践概述

- **步骤 1：可视化**（Visualize）
  奉行看板之父的规范"**从既有的流程开始**"，首先把既有流程的价值流程图画出来，然后把工作项目（Scrum 中所谓的 Sprint Backlog Item），或可称之为优先等级最高的一些需求写成卡片后贴在看板上。

- **步骤 2：限制半成品**（WIP）**数量**（Limit Work-In-Progress）
  依循两个重要的理论来限制半成品数：一个是利特尔法则（Little's law），它是一个有关"前置时间（lead time）"与"半成品"关系的简单数学公式，这一法则为改善精益生产的方向指明了道路。我们拿它来计算最大产出率，然后孜孜以求。另一个是"多任务是不好的"（Multitasking is evil），目的在说明人类在多任务情况下的表现会不如单项作业，原因是工作转换之间会浪费更多时间，且人类在做工作转换时容易出错，然后教大家如何用看板来控制多任务。

- **步骤 3：管理工作流程**（Manage flow）
  一开始我们画了一个典型的流程控制图标，然后说明拉动系统，这是看板方法运作的基础。

- **策略 4：让规则明确**（Make policies explicit）

  从三个方向浅谈一下制定规则方法：工作方式、遵循半成品的限制及为服务层级协议 SLA 设定明确的规范。

- **策略 5：落实反馈循环**（Implement feedback loops）

  由反馈的三个不同角色谈具体内容：

    ◇ 来自团队其他成员的反馈

    ◇ 来自接受你工作的人士的反馈

    ◇ 来自客户的反馈

- **策略 6：由协作改善，经实验演进**（Improve collaboratively，evolve experimentally using models and the scientific method）

  说明看板方法是"渐进式的变革"（evolutionary and incremental），而非一般敏捷开发方法的"小增量的迭代方式"（iterative and incremental）。持续改善所依据的科学方法"休哈特循环"（计划—实施—检查—行动，Plan—Do—Check—Action，PDCA），是一个四步循环，来自爱德华·戴明博士。

  下一章我们就要开始实际运用这一章所学到的东西，运用于真实的案例上。

精益开发与看板方法

LEAN SOFTWARE DEVELOPMENT:
UNDERSTANDING KANBAN METHOD

第 4 章

如何实施看板方法

对四个基本原则（Foundational Principles）及六个实践（Core Practices）有了基本了解之后，我们便可以开始尝试来设计自己的"看板墙"（Kanban wall）了。本章的重点将放在绘制看板墙的实践上，我们先讲解几种典型的看板墙，接着为看板字段加上 WIP 限额，随后深入探讨配合 Scrum 开发模式所设计出来的看板，最后再来解说著名的"看板一日游"（One day in Kanban land）。

4-1 看板墙的设计

4-1-1 三个基本元素

在设计看板墙的时候，最好将范围（Scope）、工作项目粒度（Granularity）大小和工作项目状态（States）这三个元素一起考虑进来（参见图 4-1）。如果在设计时范围设得太大，粒度用小了或是状态的改变周期设短了，这样的设计会让团队忙得不亦乐乎却没有太多的产出；相反，范围设得太小，粒度用大了或是状态改变太缓慢，完全看不出看板墙有什么作用！

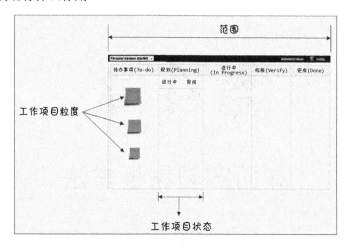

图 4-1　设计看板墙的三个基本元素

到底如何决定呢？这一点要看使用看板墙的目的和使用者。当然，张贴看板墙的场地也是一种限制，太长的看板很难在视觉上取得好处，至于电子看板呢？那是一定要的，而且要让大家都能使用一致的电子看板工具，如果能更密切地让它与真实的看板墙相互配合，就更完美了。如果你问我为什么不完全采用电子看板？我会用看电子书跟看实体书的差异来回答你，但如果团队有所谓的"电子战情室看板墙"，那又另当别论了。

虽然采用看板墙的基本目的是让团队一起解读工作流程状态，但对于每一个团队成员而言，每一个人通常都只有一块自己最熟悉、最投入的专属区域，其实这样才能发挥它的功效，但为了不遗漏任何成员的工作范围，有时候必须采用多个看板墙，此时相互之间的关联就更复杂，接下来谈谈如何处理这种情形。

4-1-2 顺序处理状态 VS. 并行处理状态

图 4-2 是顺序处理状态的看板，这是按照工作进行步骤依序画出来的典型设计，最简单的范例就是个人看板中的"待办、进行中、完成"（To-do、Doing、Done）。这里我们参考的是 Scrum 开发团队的简单版本，第一个字段是陈列这个项目中的**所有待办事项**（Product Backlog），第二个字段是挑出需要优先完成的工作项目，把它放进这个**冲刺**（Sprint）中预计要完成的任务里面，如果把它放在外部，大家可能会漏掉或必须经常回去寻找，这么做可将看板设计成便于调整优先级的项目看板。列出这二个字段，代表这个项目种类是属于可能需要经常调整需求的一类项目，一般属于小团队而刻意将范围拉大以便于快速推进的做法。

右图形是考虑到"并行"工作的看板墙。前面提到这是一个适合小团队为了便于快速推进所设计的看板墙，但当三位工程师所做的工作项目都属于高独立性的工作时，我们便可以将他们的工作在看板字段上直接切割成不同的泳道划分出来，以免混淆，在解读时也不用一直在问是谁负责的工作项目，让我们能一目了然便于做各种判别。

TIPS
"明确划分工作"这是看板方法和 Scrum 之间的一个小差异

Scrum 团队经常不事先安排特定的工作给予特定的工程师，虽然大家都大概猜得出来谁会去做什么，但是不能抹杀工程师尝试新工作的机会，所以采用开放式的做法，让工程师自己去认领，称之为"全功能的工程师"。这是很正面的做法，鼓励大家学习新东西，它不但可以促进团队的协作及效能，也能产生相当的激励作用；而看板方法则是偏向直接分工，也就是让专业更专业的做法，用来追求更好的效能。

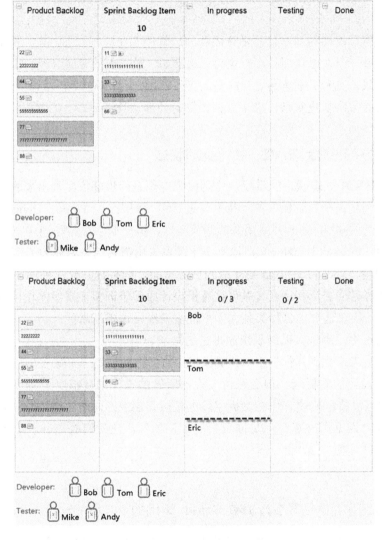

图 4-2　顺序与并行开发看板

两种图示都可以正常工作，也都能让工作流程正常运作，但万一发生具有并行的需求却又会相互牵扯（又同时具有顺序性）的工作项目时，怎么处里呢？方法是用**卡片上的注记**来做相互的约束，在卡片上运用**复选框**（checkbox），让我们一目了然，知道约束在哪里。

复选框

复选框普遍运用于网页以选择哪些核取事项采用的画面设计。卡片可以设计为图 4-3 所示的那样。

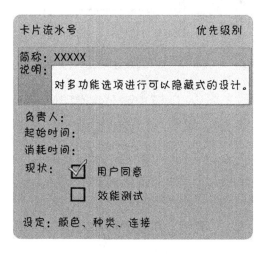

图 4-3　复选框图示

一般为了避免遗漏，这类工作我们都会在看板上运用特别的"**标签**"做警示。约束就是阻塞，当你设定约束的时候，可以预期它也是一种引起阻塞的现象。

图 4-4 中的阻塞，明显只有在第三个字段"进行中"（In Progress）最下面的管道（Eric 的工作流程）出现，这是分多泳道工作的优点之一，在看板上很容易解读出来，且不容易解读错误。

相互关联或所谓的相依性是一种难以避免的属性，在架构设计之初就应该考虑进来。当我们依据看板方法的理念"从现在的流程开始"（Start with what you do now），因为不去异动原有的工作流程，因此很容易便会遇到这种情境，即有**过多的相依性存在**。有时它会造成我们必须把卡片（工作项目）往相反方向撤回来，这个时候大家都会很难过，但不要过于情绪化①，此时的决断必须要明确，要知道看板是一种持续改善的流程控制，当撤回来是一种最好的抉择时，当然就把卡片撤回来，要知道让流程保持流畅比较重要。但这也告诉我们，目前架构在设计上有缺失，等待回顾会议的时候再来检讨吧！

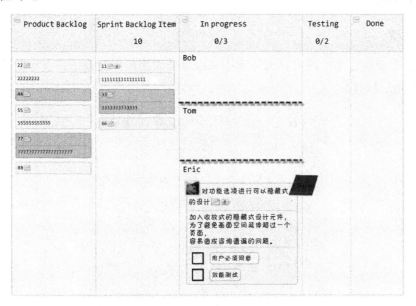

图 4-4　有复选框的看板设计

4-1-3　工作项目的属性

上一节我们说明了相依性的设计，它是一个经常被架构师们在设计之初就已经埋下来的限制，比较难以处理，因此要借助于"复选框"来做处理。这里我们要谈的则是设计看板时我们可以主动做区分的部分，也就是运用"工作项目的属性"作为规划

---

① 看板方法很容易引起情绪化的场面，尤其是自己的工作被阻塞住的时候，我们常常会听人说："受阻了，那我今天要做什么？"，团队经理人或是 ScrumMaster 应该努力让这句话变成"有什么地方我可以帮得上忙的？"让团队协同做事，使流程得以顺畅，这也是团队必须一直努力的方向。

的依据。

在这里，我们把服务协议（SLA）也视为一种工作项目的属性，不单独拿出来说明，但请不要忽略它的重要性，尤其是对于公司的信誉而言，它可能是最重要的属性！

运用卡片颜色来区分

设计看板时，对于不同属性的工作我们最常用的区分方法是颜色，将不同性质的工作项目用颜色来区分，如此一来一眼望去就一目了然，充分达到可视化的效果。运用颜色让观看的人产生不同的感知，属于"颜色管理"[①]的范畴，人们对色彩的感觉基本上是一种主观的反应，但过分使用就会失去效果，简述如下供大家参考。

- 用来做分级：以绿、蓝、黄、红等颜色标示于看板上，表示不同的等级。例如：红色>黄色>蓝色>绿色。
- 用来传达意义：以颜色标示在看板上，便于进行工作流程管理、异常警示及防止错误发生。
- 用来产生视觉及心理产生影响：运用不同颜色对视觉及心理产生影响，以提高观看者的注意力或改善工作的环境。例如：红色代表危险，绿色代表安全，黄色代表注意，蓝色，黑色代表稳定。

每个人运用颜色的习惯可能不同，我个人通常以黄色作为标准色，蓝色作为日期设限（date-drive）的工作项目，红色代表等级较高的急件，绿色则表示安全，黑色则表示请再查看的批注说明。卡片在颜色上的运用，我们在第 5 章讲个人看板时说明。

运用来源作区分

标明来源可以减少很多讨论的时间，它跟我们一开始设计看板时的"范围"也有一些关系。当遇到无法控制的输入点时，最好不要把它纳入看板中，采用标明"来源"的方式，然后再加上参考属性的说明就好。例如：

1. 来源是订票网站的输入，它是属于数据量少、瞬间可能有大量笔数出现的

---

① 什么是"颜色管理"？颜色管理就是把颜色附着在管理上，目的是让有关人员能通过颜色易于辨识、比较、了解的特性，从而很容易知道管理的重心，让成员知道该如何遵循及避免出错。它反映企业的某种管理水平，还能促进企业提高管理效能，具有相当的成本效应。

特性。

2. 来源是某个单位的汇入数据，数据特性是笔数少，但单笔数据量可能很大的情况。

3. 来源是有签署服务协议（SLA）的用户，它的级别是 A、B 或 C，我们必须在多少时间内给予反应或是解决相关问题，给予正式的答复。

注明负责人

注明责任归属是一个相当有用的机制。大部分电子看板上都有个人图像的设定，将它运用于需要专属的工作项目时特别有效，可以让团队一眼看出谁是负责人（但运用在个人看板上就显得有些多余）。

4-1-4 加入 WIP 限额

看板方法背后有两条基础性原则：一条是限制 WIP 的数量，另一条是仅当前面的工作字段有空位的时候，才可以通过拉动系统拉入新的工作项目。

——大卫·J. 安德森

本节我们要来讨论如何设定 WIP 值，正确的说法应该是如何设定工作任务的限额（Limits for Work Tasks）。

依据"多任务是不好的"来设定 WIP 值

基于"多任务是不好的"这一理论，最简单的设计是依据"多任务是不好的"的理论，用人数来设定 WIP 值。如图 4-5 所示，在这一个冲刺（Sprint）的开发阶段中，我们从第一个字段**产品待办事项**（Product Backlog Item）里选取了 10 个工作项目，把它们放入第二个字段**冲刺待办事项**（Sprint Backlog Item）中。因为有三位开发工程师，所以第三个字段**开发工作**（In Progress）设定成 3，有两位测试工程师，所以第四个字段**测试工作**（Testing）设定成 2，最后一个字段**完成**（Done）不设定 WIP 值，因为没有拉动可以限制它，所以不需要设限。你可能会问，工作项目都已经做完了为何还要摆在那里呢？答案是拿来做回顾和检讨用，等到完成的字段累积到一定工作项目时，就来开一次回顾会议，确认我们完成了什么？又学习到了什么？这是积累经验的列表工作，最后再把它们一起清除掉。

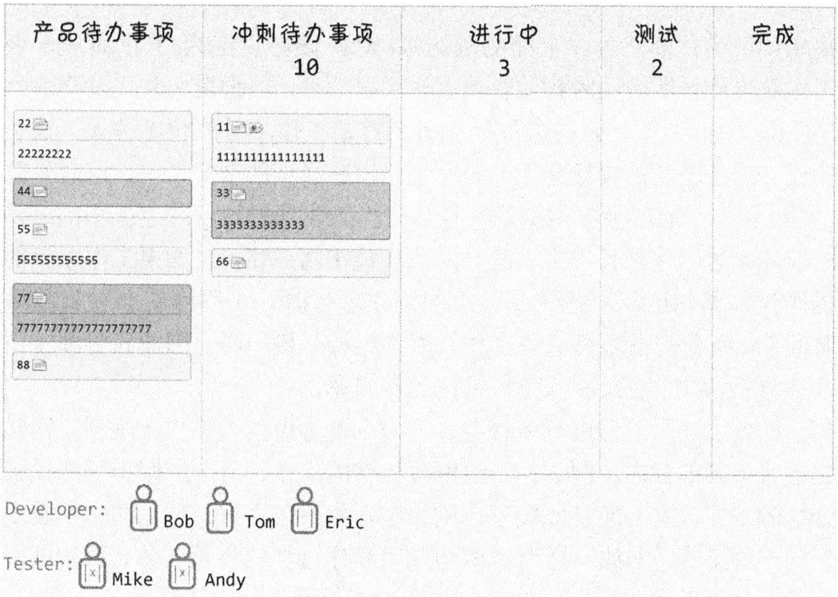

图 4-5　设定 WIP 限额

我们将刚才的步骤再整理一下。

- 第二个字段**冲刺待办事项**（Sprint Backlog Item）中有 10 个工作项目，是这次冲刺要完成的任务。
- 第三个字段**开发工作**（In Progress）设定成 3，因为有三位开发工程师。
- 第四个字段**测试工作**（Testing）设定成 2，因为有两位测试工程师。

这是一个理想的 WIP 设定数值，在真实世界呢？根据安德森的说法，设定 WIP 值是没有魔法公式，重点是这个数值是可以通过试验观察不断加以调整的。

还记得我们在上一章"限制半成品（WIP）数量"一节所谈到的多任务考虑吗？当有限的资源遇到突如其来超过原有资源数量时，排队现象（queuing）就产生了，如果我们不想要产生排队现象怎么办？那就只好增加人力资源，但没那么多人可以加入怎么办？那就只好要求一个人同时做好几件事了，也就是进行多任务工作（Multitasking）。

看板方法教我们的多任务方法

先决定如何进行多任务。上面的范例将 WIP 限额设定为 3 的时候，表示是基于单工工作效能最佳所做的考虑，看起来似乎很公平，但是很快我们就会遇到**工作项目粒度**（Granularity）不一致的时候，也就是有些工作项目的粒度较大，需要花较多时间来完成，此时进度很快就会不一致（也就没有所谓的公平了），这时候若是能适当加大 WIP 值，产能就会立刻提升！也就是当工作项目粒度普遍偏小的时候，偶尔有一颗较大粒度的工作项目出现，就会造成产能下滑；相反，如果工作项目的粒度普遍偏大的时候，偶尔出现一些较小粒度的工作项目时，工程师就会立刻获得所谓的"盈余时间"。而我们不太可能让工作粒度都维持一模一样，因此只能视工作流程的状态来持续修正 WIP 限额，以获得最佳的产出率。

好！回过头来决定如何进行多任务，第一个要考虑的是工作的性质。同时处理两件事但它们有不同的性质，例如：一边做写程序的工作，另一边则担任测试的工作或是文件分析的工作，这可能是比较理想的做法，效果也会好一些。通常不建议两边都拿来担任同样的工作，例如不适合做两边都写程序这样的沉重工作，否则效能一定最差（这一点倒是可以拿看板方法的产出物**累积流程图**来做验证）。

累积流程图

累积流程图（Cumulative Flow Diagram）是敏捷开发团队分析反馈的利器，它可以让我们看到：**工作时间的燃尽结果、一个循环周期所需要的时间、正在制作中的半成品数目、制作流程的瓶颈所在**，更重要的是，它可以让我们拿来作为工作**流程持续改善**的依据。

图 4-6 所示的累积流程图是描述处于某个特定状态工作量的面积图示（area graph），说明如下。

- **库存**（Inventory）：最上面第一条曲线，指待办事项或队列中尚未开始的需求项目；"第一条曲线面积"显示的是**项目范围内的需求特性数量**。
- **已开始**（Started）：第二条曲线，是指已经向开发人员解释的需求；"第二条曲线面积"显示的是**已开始**（**Started**）的特性数量。
- **已设计**（Designed）：第三条曲线，是特指那些 UML 序列图（分析过）已经绘制好的需求项目；"第三条曲线面积"显示的是**已设计**（**Designed**）

的特性数量。

- **编码完成**（Coded）：第四条曲线，是指那些已经实现序列图上方法的需求项目；"第四条曲线面积"显示的是**编码完成**（Coded）的特性数量。
- **完成**（Complete）：最下面的曲线，是指需求项目的所有单元测试已经通过，程序代码也已经进行共同审核（review），团队主开发人员也已经认可编码并且确认可进入测试。"第五条曲线面积"显示的是**已经编码完成准备进行测试的特性数量**。

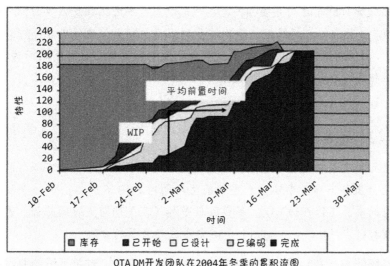

OTA DM开发团队在2004年冬季的累积流图

图 4-6　累积流程图[①]

从 CFD 图上可以知道什么？

从累积流程图（CFD）上可以得知如下信息。

1. **半成品的数量，即进行中的工作**（work-in-progress）：先挑一个日期向上画一条垂直线，在第二条曲线（开始）和第五条曲线（结束）之间的"纵向高度"就是半成品的数量。

---

① 这张图取材自看板之父安德森的《看板方法：科技企业渐进变革成功之道》，我们拿它来进行更详尽的说明（OTA：Over-The-Air；DM：Device Management）。

2. **平均前置时间**：第二条曲线和第五条曲线之间的"横向距离"，显示的则是一个特性从开始到结束的平均前置时间（average lead time）。

需要特别说明的是，横向距离为平均前置时间，并不是某个特定特性的具体前置时间，累积流程图并不会跟踪特定的特性。

TIPS
半成品数量与前置时间直接相关

半成品数量与前置时间直接相关，也就是说，当半成品数量减少时，平均前置时间也随之减少。图 4-6 在高峰期，平均前置时间为 12 天；项目后期，随着半成品数量越来越少，平均前置时间仅为 4 天。半成品数量和平均前置时间之间存有相关性，而且是线性相关，在制造业中这种关系称为利特尔法则。

TIPS
前置时间越长，质量越会显著下降

前置时间和质量之间亦存在相关性，前置时间增加，则质量会下降，前置时间越长，质量便会显著下降。事实上，平均前置时间增加约 6.5 倍，便会导致初始缺陷超过 30 倍的攀升（很可怕！）。半成品数量越多，平均前置时间越长，因此，提高质量的管理杠杆点（leverage point）是减少半成品数量的方法。

看板系统依靠 CFD 图的累积结果来作为判断的依据，越是平滑的曲线就代表可预测度较高，这是所有主管们所乐见的。如果工作流程完全没有上下起伏的变化，就是最理想的 CFD 图（见图 4.7）。

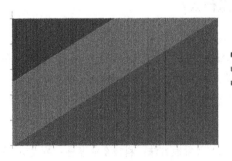

■ 未来
■ 进行中
■ 完成

图 4-7　理想的 CFD 图

4-2　Scrum 运作模式的看板墙设计

Scrum 是一个框架[①]，在这个框架中可以解决复杂的适应性问题，同时以高效生产力和创造性方式交付价值最大化的产品。

——施瓦伯

看板方法的目的是要优化现有流程，追求最佳产能，以达成企业渐进式的改革。

——安德森

4-2-1　将看板方法融入 Scrum 的开发过程

看板方法是一种流程控制，它不是一种具有完备基础的方法学，虽然它的潜在发展相当可观，但目前仍只是一种提供我们产出高效能的流程控制方法而已。它缺少需求描述、没有完备的会议规划、少了团队职责分配，少了很多很多软件开发上该有的措施，这一点让它看起来十分空泛，但就是这个特性让它十分适合融入其他开发方法中，尤其是 Scrum。

看板方法之父安德森是在微软公司推行敏捷开发方法 Scrum 的时候发明看板方法的，他原本的目的只是要求能够在最少阻力之下，顺利在组织中推行敏捷式的开发方法而已，却由于他熟悉**限制理论**的运作而开创了"看板方法（Kanban Method）"，对敏捷开发的精益（Lean）阵营做出了重大的贡献。也就是这样的原因，让看板方法可以很容易融入 Scrum 开发过程。（许多项目控管软件都在设定 Task board 时提供 Scrum board 或 Kanban board 的选项，例如微软的 Team Foundation Server 及 Atlassian Software Systems 的 JIRA 软件。）

---

① Scrum 是由施瓦伯（Ken Schwaber）和苏瑟兰（Jeff Sutherland）于 2001 年共同发明的一个软件开发框架，它有三大属性：轻量化、简单易懂、十分难以掌握。它不是一个流程方法，而是一个可以将不同流程与技术放进来使用的"容器"，因此，我们可以将看板方法放进来使用，一点儿也不矛盾。

4-2-2　在 Scrum 中运用看板

　　Scrum 有 3 种角色, 4 种会议, 3 个产物[1], 还有一个循环式的开发流程及一个工作板 (Task board)。看板方法要用在哪里呢？当然是用在工作板上面, 以下是结合看板墙的 Scrum 工作板, 我们先来看中间的看板部分 (Scrum 有较多会议及较广范围, 我们先只看 "看板" 的部分), 先预设团队只有 3 到 5 位成员, 是一个典型的小型开发团队。

　　图 4-8 是 Scrum 运作模式看板墙中间的看板 (完整图请看图 4-9), 我们运用先前所学的看板墙画法, 将 Scrum 工作板原有的 "待办、工作中、完成" (To-do、In progress、Done 转成典型的看板墙 (有缓冲设计)[2]。

冲刺工作项目	预备 (分析及文件制作)	开发 2		测试 1	发布
13	2	进行中	完成		

图 4-8　Scrum 看板的字段设计

　　第一个字段**冲刺工作项目** (Sprint Backlog Item) 有 13 个工作项目的限额, 这表示这一个冲刺有 13 个工作项目必须完成 (另外请参看图 4-9, 会发现我们将看板的范围设定在**待办事项**之后, 原因是我们将看板专注运用在一个迭代 (iteration) 循环当中, 由于无法完全控制到产品待办事项的部分, 因此就把它放在外部)。

　　第二个字段**预备** (**分析及文件制作**) 有 2 个工作项目的限额, 意味着只有两位开发人员, 因此同时只取出两个工作项目。

---

① 3 种角色: 产品负责人 (Product Owner)、SCM (Scrum Master) 和团队 (Team)。4 种会议: 冲刺计划会议 (Planning)、每日站立会议 (Daily Standup) 和展示会议 (Review)、回顾会议 (Retrospective)。3 个产物: 待办产品 (Product Backlog)、冲刺待办产品 (Sprint Backlog) 和增量 (Increment)。

② Kanban But? 要判断眼前的工作板是否符合看板原理, 有几个基本的地方可以注意: 是否有 WIP 值的设定？是否有缓冲区 (Buffer) 的设定 (或是次字段的设计)？是否有渠道的设计？是否有累积流程图 (CFD)？它是否实施拉动系统呢？

第三个字段**开发**工作有两个工作项目的限额，又切割成两个次字段，分别是**进行中**及用来做缓冲区（buffer）的**完成**字段，而下半部则是并行工作的**测试**工作栏（"开发与测试并行"指的是开发人员自己的测试责任，但如果测试人员愿意下来协作，则对团队更有帮助，我们称之为"结对测试"（Pair testing）[①]）。

第四个字段**测试**工作有 1 个工作项目的限额，这表示没有测过以前是不会有产出的，明显的希望专注于质量。

Scrum 运作模式的看板墙

接着我们来说明整个 Scrum 运作模式的看板墙，我们从图 4-9 中上半部看起，最大的区块里记录了这个冲刺的**名称、目标**及**开始/结束**的时间。往左边是"展示"代表展示会议，并把得到的"反馈"向左回传到"待办事项"中。

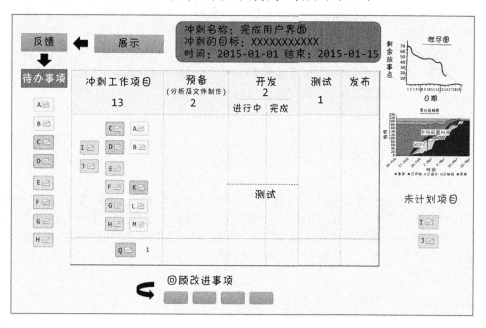

图 4-9　Scrum 运作模式的看板墙

[①] "结对编程"（Pair programming）是极限编程的一种提升程序质量与培养程序员技能的做法，相对于编程的测试，也可以结对进行测试的工作，称之为"结对测试"。

看板的最下面有一个泳道（swim lane），用来支持紧急的工作项目，它的限额是1，表示最多只能同时处理 1 件紧急的工作项目。最下方是"回顾改进事项"，指的是将回顾会议的结果做成纪录，提醒团队避免下次再犯。

最右侧是二个图形与"未计划项目"，"未计划项目"是 Scrum 看板的一大特色（一般的数字看板都缺少这一块可以变通的功能），用来处理冲刺当中发生未经过计划会议的规划步骤，临时出现的议题、工作项目或缺陷的一个待处理区，目的是提醒我们不要有遗漏。至于前面的两个图形，一个是"燃尽图"，另一个是"累积流程图"。

燃尽图

"燃尽图"相当简单好用，目的是让团队把完成的任务与经过的工时做对照。当曲线一直下降代表任务接近完成，对团队而言，最大的好处是一起检查整个工作进度，进度可以让团队知道该是勒紧裤带振作精神的时候。更有意义的是，当曲线不下降或下降太慢了，就代表出问题了，要准备想法子来解决。这是 Scrum 的警告（alarm）方式，看板则运用"特殊标志"更直觉地表现在看板上面。

不论你是否熟悉 Scrum 的运作，或是你正准备由 Scrum 的项目开发方式转换到看板方法来，有一本必读的手册《看板方法和 Scrum 相得益彰》[①]，是著名的克里伯格和斯加林（Henrik Kniberg 和 Mattias Skarin）写的。

4-3 看板一日游

图 4-10 是网络上著名的"一日看板"（One day in Kanban land）的漫画，原图是英文版刊登在亨德里克·克里伯格（Henrik Kniberg）的博客上（之前它是没有中文版的但现在已经把下面的图示加进去了），同时因为采用漫画的形式没有附加说明。"看板一日游"共有 12 幅漫画，下面我们就一幅一幅详加说明。

4-3-1 看板一日游 1/12 说明

这里采用 ASP.NET 网页开发流程看板范例来实施一日看板的说明。图中的开发

---

① 编注：这部分内容已并入 2019 年清华大学出版社出版发行的新书《走出硝烟的精益敏捷：我们如何实施 Scrum 和 Kanban》。

团队共有 4 位开发人员，2 位测试人员（图示上有 X 字的绿色小人），外加 1 位代表客户的 PO（Product Owner，产品负责人）。第一个字段**冲刺工作项目**（Sprint Backlog Item，SBI）放置了这个**冲刺**（Sprint）准备完成的工作项目，分别是由 A～M。13 个工作项目实在多了，在冲刺计划会议时，团队会对这个冲刺周期能够完成的工作项目进行预估，我们往往会多估一些工作，但在团队进行工作拆解（Task break down）时会斟酌是否先搁置一旁，进度超前才把它放进来（对实体的看板墙而言，右下角的"未计划项目"字段，正是拿来放置这些未拆解工作）。

第二个字段**预备**字段，这是一个缓冲区的字段设计，这样的设计是为了配合"**拉动系统**"的工作原理①。也就是说工作任务不是指派的，而是当前一个流程有空缺时，才由开发人员自行拉动工作项目进来。我经常在这个缓冲区内加入文件的评审和补充的动作，它虽然只是一个小小的动作，却进行文件侦错的唯一步骤，所以图 4-10 中**预备**字段的下方多了一个要求文件制作的提醒，负责的则是测试工程师，期待他们能从文件开始侦错工作。

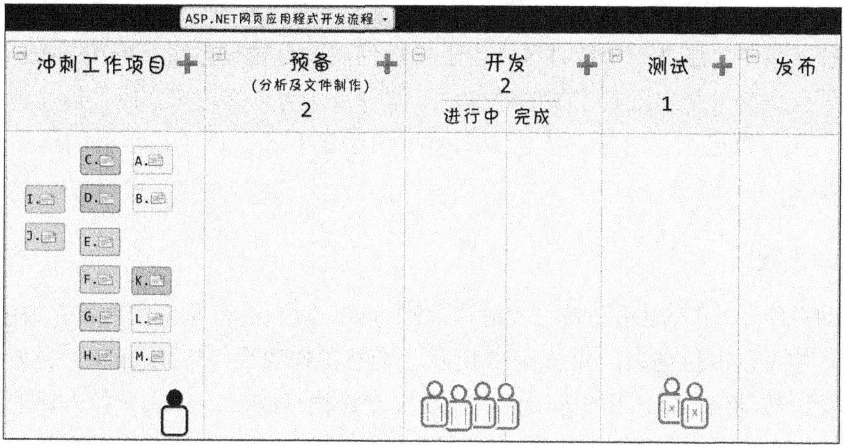

图 4-10　看板一日游（1/12）

---

① 所谓配合拉动系统（Pull system）的设计，是指类似于百米赛跑开始时信号的做法，它的起跑信号是：各就各位－预备－Go，这种三段式的口令是在百米的起跑时用，因为跑者需要瞬间尽全力冲刺，目的是让运动员有足够的缓冲区。当运用于 800 公尺的竞赛时，就改成预备－Go，只剩下两个动作。用在更刺激的计时运动时，我们可能就直接采用 5-4-3-2-1 的倒数方式。

第三个字段**开发栏**又区分成两个次字段：**进行中**和**完成**，旨在作为工作项目完成且还没进入**测试**字段之前的缓冲空间，但不会影响**开发**字段的 WIP 限制数目，是一种不会增加 WIP 限制数的设计，好处是可以清楚看出开发工作已经做完多少，还有几个在排队等待测试的状态显示。

一开始把代表客户的 PO 放在第一个字段，是因为他负责排序各个工作卡片的优先级，也就是他可以要求开发团队优先从哪一个工作项目做起。PO 图没有手部的线条，因为他除了动嘴之外，没有干其他团队工作的权限（即使他很想参与其他工作，但是尽量让工作角色分明十分重要。有太多软件公司都是老板兼技术总监的形式，非常容易让工作角色发生错乱，这是十分划不来的事）。PO 有两大任务：一是排列工作卡片的优先级，并给团队解释（讨论）为什么这么做；另一个是冲刺结束后的反馈。

4-3-2　看板一日游 2/12 说明

图 4-11 中，代表客户的 PO 首先将现在最重要的工作项目（A、B）放进第二个字段**预备**字段中，这是一个待办区。由于看板使用的是**拉动系统**（Pull System），也就是说只有在前一个字段有空缺的时候，工作项目才可以拖进来，而且最佳的拉动者就是工作人员自己，目的是形成自主式的拉动运作方式，但工作项目的优先权则由 PO 决定。

拉动系统

拉动系统（Pull System）是一种流程控制方式，限制只有在工作项目完成的时候，新的项目才可以被拉进来。如图 4-12 所示，当有**工作项目**（Work Item）完成时，系统就会发出**拉动信号**（Pull Signal），启动**拉动过程**（Pull Process）拉入新的**工作项目**（Work Item），并开始工作直到完成时才再继续下一个循环。拉动系统的目的很明显的就是为了消除浪费（消除备料、预做排程……等浪费），它是属于实时处理（JIT，Just In Time）的系统模式，只有在有空的时候才拉入新的工作来做。拉动系统是丰田系统的理论支柱之一，也运用于看板方法，只有在前面字段出现完成的工作项目并移出去的时候，新的工作项目才可以被拉动进来；如果没有空缺出现，流程便无法进行下去，也就发生"阻塞"（Blocked）现象，而解决这种阻塞让流程能继续顺畅进行工作，正是看板方法的目标。

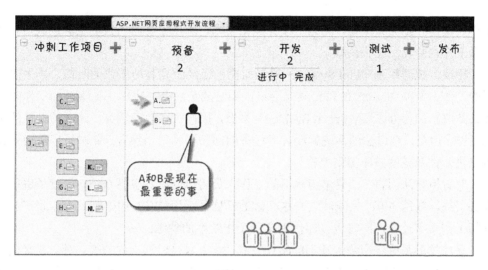

图 4-11　看板一日游（2/12）

图 4-12　拉动系统的目的及运作方式

拉动系统挑战传统的思维模式

传统的工作模式是一有工作进来，就分配下去做，这是一种"主动分配"的工作模式，称为"**推动系统**"（Push System）。它看起来非常适合一般的 IT 工作方式，当工作需要完成时，就由主管来进行工作分配。这种方式一开始都是从一个萝卜一个坑的分配方式开始的，属于单项工作，效率高，但随着事情逐渐累积下来，再加上开始有维护的需求时，很快就变成能者多劳的形式，也就是工作能力强的人就开始同时负责多件工作，变成 50-50（一个人负责二件事）或 30-30-40（一个人负责三件事），工作很快便开始失去平衡。因为工作分配不平均，所以很容易招致员工怨声载道，而管理工作也会很快面临挑战。

相反，**拉动系统**（Pull System）是当有空：已经做完其他工作的时候，才去拿取新的工作。例如 Scrum 的每日站立会议，团队成员只有在完成手上现有的工作时，才去拿取新的**待办事项**（Sprint Backlog）来做，因此工作效率较高，是一种典型的拉动工作。但是，难道**拉动系统**就没有多任务的问题了吗？当然有，此时采用**看板系统**可以协助你在某些方面得到改善！

对看板方法而言，如果希望底下的工作人员可以同时做多件事情，也就是进行多任务工作，就用 WIP 来限制它！这么做的好处是运用 WIP 的限制来避免底下的工程师工作负荷过量，同时也能够作为度量工作效率的参考。

采用**拉动系统**会影响到我们的工作方式，它不只是做法上的改变，对企业文化也是一种改变。它成功在丰田企业制造了丰田奇迹，但在软件业的运用上还很新，看板方法是目前为止最成功的一个例子。这也证明精益软件开发（Lean software development）虽然讲述的只有原则而没有开发方法，但对企业的影响却更胜于其他敏捷开发方法。

4-3-3　看板一日游 3/12 说明

如图 4-13 所示，工程师们很快主动认领工作项目 A 及 B，但就在同一时间 PO已经急着安排接下来的工作项目了，看起来我们需要有人来实际约束 PO 的激进行为！请不用担心，看板系统是一种流程控制的系统，**预备**字段上方的 WIP 值 = 2，就是为了限制这个字段同时最多的工作项目数目，也就是同时间最多只能有两个工作在进行。

接下来只要再配合拉动系统的管制，此时只要 A 跟 B 二个工作项目都没有被移出第三个字段**开发**字段，工程师就不可能再接新的工作，这就形成一种自然的流程管制，这是看板方法最基本的运作方式，再强调一下，也就是限制 WIP 值和拉动系统相互配合。

你可能觉得右下角的两位测试人员好像落单了，其实敏捷开发方法特别注重测试，测试人员在这里与开发人员一样重要，他们同步进行功能的开发工作，所有功能唯有在测试人员点头的情况下才算真正完成（done），因为我们都知道，只有尽早开始测试，产品的质量才会越好（当然最好的方式是从文件分析的时候就开始进行测试与侦错）。

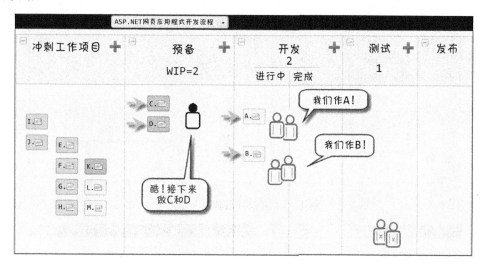

图 4-13　看板一日游（3/12）

4-3-4　看板一日游 4/12 说明

如图 4-14 所示，看板的运作方式是由左到右，但解读看板的方式则是由右到左。首先我们看到工作项目 A 被移到**开发**字段的**完成**次字段内，这表示测试人员可以将它拉进到下一个**测试**字段了。然后我们依然可以看到代表客户的 PO 仍然积极思考需求的优先级（这是对的！不断的排序与优化是他的责任），虽然第二个字段的限制是 2，但 PO 总是可以异想天开的（希望 J、K、L 能够同时开始进行）。

4-3-5　看板一日游 5/12 说明

如图 4-15 所示，测试人员尝试在测试过后开始部署工作项目 A，也由于工作项目 A 被移出**开发**字段，使得工程师可以将在**预备**字段等待的工作项目 C 拉动到**开发**字段，开始进行开发的动作。

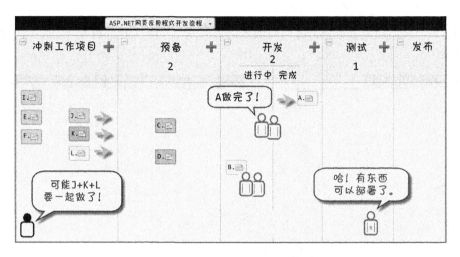

图 4-14　看板一日游（4/12）

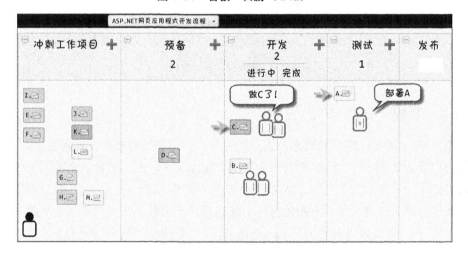

图 4-15　看板一日游（5/12）

4-3-6　看板一日游 6/12 说明

如图 4-16 所示，测试人员部署失败了！你会发现在看板上有一个醒目的红色倒立三角形，它说明这里有一个严重的问题待解决，这个时候怎么办呢？正常的步骤是测试人员开始寻求协助，或许是询问开发的工程师有关的细节（但通常会得到"在我的机器上都没问题"这样的回答）；没有其他方法，只能多换几种方式再做尝试。很少有人会在第一时间里立刻要求开发工程师直接过来协助的，但老实说，这样做最好！

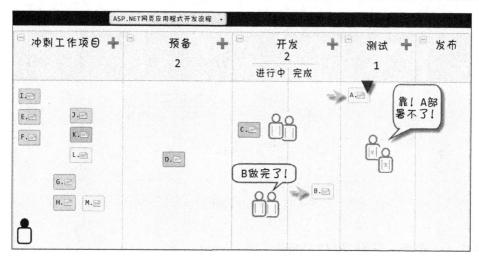

图 4-16　看板一日游（6/12）

由右向左走的解读动作，发现 PO 此时都没有任何反应，其实不是这样子的，看板上的风吹草动都在大家的视线内，PO 只是忍着不愿意做过度的反应罢了！看板墙其实一直在轮流挑动着大家的情绪变化，这一段的漫画就是少了添加各种角色的表情，否则更逼真。但反过来说，团队就是在这样的情绪变化下变得更团结的。

4-3-7　看板一日游 7/12 说明

如图 4-17 所示，第三个字段**开发**工作的 WIP 限制是 2，因此很容易可以看到瓶颈在哪里。我先不谈如何解决瓶颈，先来谈如何发现瓶颈。"**测试**"这一关从基本属性来说，就不难判断是最容易卡关的地方，所以它的 WIP 值应该设大一些还是少一些才好呢？答案是让瓶颈能够尽快暴露出来的数值最有价值！因为这样才能从这里开始进行改善，流程当然就会得以改进了。以前面的例子而言，WIP = 1 是一个可以迅速找到瓶颈所在的数目，效益也最大，是一个好的设定，唯一可以质疑的是有两个测试人员，设定 2 应该比较合理吧！但如果真的设定 WIP = 2，请问要多久以后才能找到瓶颈呢？是不是反而延长了缺陷被重视的时间了？

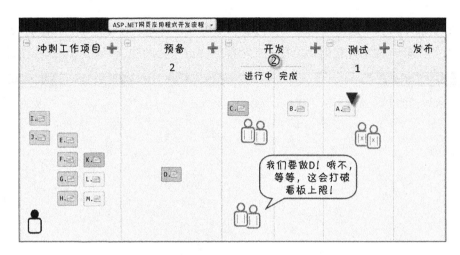

图 4-17　看板一日游（7/12）

4-3-8　看板一日游 8/12 说明

如图 4-18 所示，终于有开发人员主动加进来处理瓶颈了，而且他们不是原开发者，是其他的开发人员，这是一种看板方法所引发的自然现象即**主动性**！因为如果不协助解决阻塞的现象，你的工作也就做不下去，这是 WIP 所造成的德政。

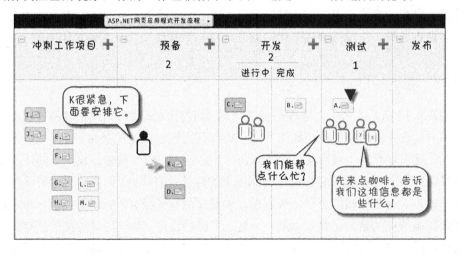

图 4-18　看板一日游（8/12）

遇到阻塞时要训练团队成员不是去质疑阻塞，导致我今天没事做！而是主动询问我可以帮上什么忙吗？

身为测试人员，始终应该保持冷静的态度，图 4-18 中是先用咖啡来招呼客人，接着再直接询问这些没人看得懂的信息到底是什么？（很明显，测试人员搞不懂程序开发者的信息，工程师该检讨一下信息的写法，贴张纸条！留待回顾会议一起谈！）

这时，PO 发现紧急需求工作项目 K，但是流程明显已经塞住，看来，有人要跳脚了！

4-3-9 看板一日游 9/12 说明

如图 4-19 所示，产能重要还是找瓶颈重要？站在 PO 的立场可能是产能，一种最起码的输出总比完全被阻塞理想。但以测试人员的角度来看这个问题，最好还是先打通瓶颈，因为问题可能有许多相依性关联！错过一步，再回头可能要花上十倍精力才能再找回来。

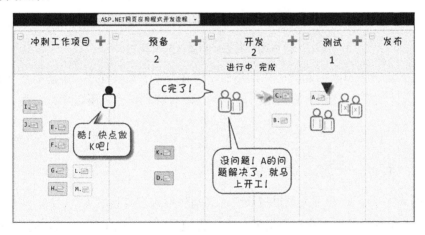

图 4-19 看板一日游（9/12）

4-3-10 看板一日游 10/12 说明

如图 4-20 所示，原本的开发团队（工作项目 A 的原作者）终于有时间可以回头来看自己所制造的问题了，此时不论 PO 手上的工作项目 K 有多紧急，还是得等瓶颈消失后工作流程才有可能继续下去。所以呢？PO 只能等了，但他心里可能怎么想呢？下一次一定要把**测试**字段的限制值加大，这样产能就可以持续，不必被阻塞受气了。但反过来想，这个问题还是越快找到越好！

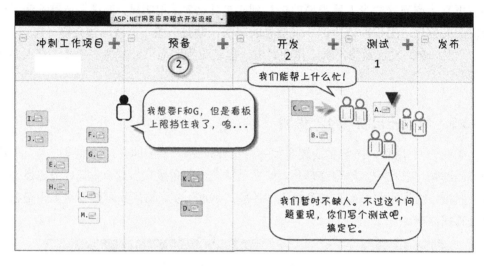

图 4-20　看板一日游（10/12）

客观人士一语道破问题的所在，要求原作者"写个测试程序，让老是出现的错误不会再来烦人了"，真正的问题是测得不够，没有测到重点，所以才有这类部署失败的现象。

4-3-11　看板一日游 11/12 说明

如图 4-21 所示，测试人员讲得最好："别让别人来打扰我们"，PO 可能就是这"个别人"！这样的情形在许多新创公司一再地上演着，做主管的或是扮演 PO 角色的人士，必须学会忍耐，要是害怕和担心会一再重演，就用事后检讨来减少此类现象的发生，努力克制自己不去干扰开发工作，这才是上策！

前面那段话描述了"角色"这个身份有多重要的真谛，试问一个人同时扮演两个或更多的角色有何不可？答案是会错乱！著名的苹果计算机创始人乔布斯就曾经遭遇同样的处境，既是老板也是研发部的主管，结果是牺牲（开除）了几位优秀的同仁和埋葬了丽莎计算机的未来。看板方法没有角色的设定，但在工作流程中角色却时时扮演着成败的要素，因此在决定决策范围的时候可以向 Scrum 取经。

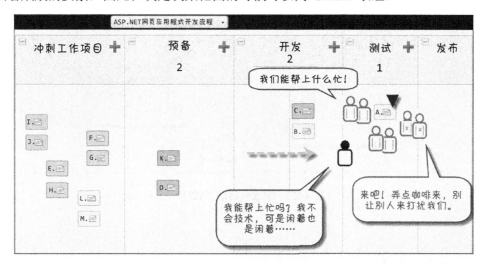

图 4-21　看板一日游（11/12）

4-3-12　看板一日游 12/12 说明

"看板一日游"体现了以下几点。

1. 代表客户的 PO 行为模式总是以产出为导向，因此经常忽略看板上的规范，容易做出干扰团队开发工作的要求。实质上，他才是最应该拥抱看板规范的人士之一，因为只有越符合规范，效率才会越高。

2. 开发人员应该知道，自己所制造出来的缺陷，通常自己才是最容易它的人，测试人员的责任是协助解决问题，并不是直接解决问题的人。

3. 与开发团队融合协作是测试人员的第一要务，第一时间掌握可能就有立即解决问题的机会。采用**推倒重来**的方式，也就是运用其他方法来尝试解决，通常都比直接面对问题更为费时。

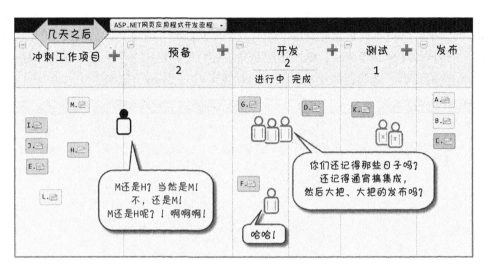

图 4-22　看板一日游（12/12）

4-4　运行看板方法的简单规范

当看板的运作出现状况的时候，感觉到团队成员好像都不是很进入状态，不论是开会或站在看板墙前面解读，团队表现得完全不是那么回事儿，怎么办？一般主管怎么做呢？你可能会得到下面几个回答。

1. 没关系，这是过渡时期，他们会逐渐进入状态的。
2. 放心，我会开始介入，等一下我就来了解一下状态。
3. 看起来该更换系统了，老系统让他们都变麻木了，改变一下就好。
4. 这些家伙到底懂不懂看板是如何运作的？得给他们加强一下这部分的概念。
5. 我相信他们，这几位人士的能力都不止于此，接着会有更好的反应出现的。

如果这是你的团队，你会怎么想呢？第 5 个想法是尊重团队的经理人会做的思考，但是他依靠的到底是什么？答案是拥有简单规范的自我管理团队①。

---

① 这里必须强调一下，干预团队决策的诱因有很多，例如强势的业务或新上任谁也不相信的主管，经理人常常必须设法隔绝来自外部的扰乱。

他会去审视他们是否触犯了那几条简单的规范，如果没有就要予以尊重，让团队自我管理吧！因为"能够自我管理的团队是工作效能最佳的团队"，何不放手让他们自我管理呢？是不信任还是怀疑他们的能力，或是像家长总会担心自己不在家外出旅游的时候孩子上学会迟到一样的瞎操心呢？解决方法很单纯，就是约法三章，制定简单的规则给他们遵守，没有逾越就没有问题，尊重与信任是这一切的基础。

简单规范的效用

简单的规范让人们容易依循且兼具约束力，又容易养成习惯，例如 Scrum 的站立会议，如果有人回答不出站立会议要说的三件事，可能肯定他并不知道什么是Scrum！这个例子在说明"简单规则"让人过目不忘，而台北捷运也做到了，搭乘电扶梯的时候，大家都知道要靠右站立，左边留给有急事的人走。类似的规则有意想不到的功用，千万别轻视它的效用，身为敏捷开发的推广者，我们也都致力于这方面的研究。接下来我们将介绍几个值得推荐的研究报告，希望能有所帮助，最后则附上一个实际范例"信心点估算法"。

TIPS

向大自然活生生的团队学习

Bioteam 这个专有名词是英国一位软件工程师肯·汤普森（Ken Thompson）[1]写的一篇文章 "The Bumble Bee Blog"（www.bioteams.com）所提出来的，他观察到蜜蜂和鸟类如何沟通和协作完成工作后，发明了这个词汇，强调的是大自然教给我们的团队和谐的道理。

TIPS

应对复杂世界的简单规则（Simple Rules for a Complex World）[2]

来自《哈佛商业评论》："如果员工做任何重要决定都有明确的规则可遵循，那

---

[1] 他是英国一位软件工程师，不是那位大名鼎鼎的 UNIX OS，B 及 C 语言的同名发明人 Ken Thompson。

[2] 作者是唐纳德·萨尔（Donald Sull）和凯瑟琳·艾森哈特（Kathleen M. Eisenhardt）。

么所有策略执行起来都会更加有效。但经理人还要确保创新的弹性以及顺应改变的能力，因此，必须提供一套简单的规则，协助员工不仅能迅速做出决定，还能有效地展开行动。"

如何制定简单规范？

谈到经理人如何确保每个组织成员都致力于推动相同的策略，但仍有弹性进行创新，并顺应当地情况？答案不在于建立复杂的架构，而是提供一套简单的规则，以协助员工迅速做决定、据此行动并快速因应环境改变。要发展这些规则，有以下三个步骤。

1. 订定公司的目标

我们试图达到什么？获利、成长、创新，还是社会公益？

2. 找出妨碍这些目标达成的瓶颈

- 哪些地方存在的机会最欠缺可用来追求这些机会的资源（时间、金钱、人力）？
- 哪个特定流程或是某个流程的特定步骤，可以协助管理这个问题？

3. 为管理这个策略瓶颈制定简单规则

- 公司过去执行那个流程的情况如何？
- 当时有哪些做法很管用，哪些行不通，原因何在？

制定简单规则说起来容易，做起来却不简单，有时候运用团队的力量，集思广益是可行的，但有时候刻意去做反而得不到灵感，所以当不预期接触到这样的东西就应该好好珍惜，举例来说，精益咖啡就是这一类的典范，请参阅附录。

制定简单规范实例：工程师进行估算工时

团队宜制定简单的规则来进行较合理的估算，而不是完全用猜测的。当上级过来询问"这个工作要做多久？"，怎么回答呢？

先看工作的范围，它可能是：

- 一个功能的小修改
- 新增一个完整的功能
- 一个人的项目开发
- 一个 3 到 5 人的开发团队要接手一个新项目
- 一个古老系统的重新开发，人力、工时都要一起估算。
  ⋮
- 当然也有可能只是一个构想，但总要估个时间来做参考。

而你可能是一个工程师或是这个项目的负责人，请问如何估算开发的工时呢？以下是我建议的做法。

基本上，不管怎么估算都不会太准确，不如花一点时间，运用科学一点的方法，多收集一些数据，然后采用参考和比较的方式来进行估算，这样会准确许多。但这还是在猜测，不如针对整个开发团队订下简单的规范，让大家一起遵循，这样做更有意义。

工程师由第一天着手写程序开始，就会被不断问到这个问题，怎么回答呢？老实说，只要你是用猜的就不会准确！如果不用猜，怎么办？正式的回答是："给我一点时间，让我进一步了解一下！"

接着用科学的方法，尽快依靠观察、组织和搜寻，用整合的方式得出一个估算，最基本的做法就是切割成小组件来估算再加总起来（Divide and Conquer，基本分割再整合的手法）。

老板当然不会给你太多时间进一步了解一下！很快，工程师给出一个预估的时间，接着就应该赶紧理解这个问题，要明白当你越快弄清楚，成功的几率就越大！

在图 4-23 的第一时间点（项目还没开始，时间 = 0 的时候），不要什么都不做就去猜，然后把猜测的时间给老板，这是最糟糕的做法。在做估算之前至少要通过"进一步了解一下"的方式，再加长思考时间之后，才给出"预估"的时间。然后在项目进行到产生信心点的时候再来给出一个承诺，此时的承诺可能比当初的预估时间准确得多。这是我经常要求工程师的动作，随着我们对项目问题的了解越来越深入，自然越有把握何时做完（这个时候务必让主管也知道，这一点非常重要，这叫"项目的透明度"）。

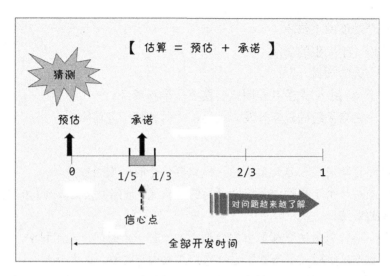

【 估算 ＝ 预估 ＋ 承诺 】

猜测

预估　　　承诺

0　　　1/5　1/3　　　　2/3　　　1

信心点

对问题越来越了解

全部开发时间

图 4-23　运用信心点的估算方式

前面的"信心点"是我们对自己工作的把握程度，我一般把它安排在项目开始后 1/5 到 1/3 的时间内（这里我很想给出一个有力的曲线来证明它，但我没有，它纯粹只是我个人的习惯而已）。时间到了再要求工程师给一次估算，这一次可以是"承诺"了，虽然这个承诺基本上还是猜测，但它至少是一个较值得我们一起努力达成的一个比较有意义的奋斗目标（其实它的意义已经远胜于承诺的价值）。

这样做是对工程师的一种尊重，但是工程师应该主动做这件事，不需要主管再来确认。

估算工时的简单规则：信心点估算法

1.　当我们被要求做预估时，不要在第一时间就做出回答，应该花一点时间，多收集一些数据，运用参考和比较的方式来做第一次的估算（请参考 2002 年诺贝尔奖得主丹尼尔·卡尼曼（Daniel Kahneman）所著的《思考的快与慢》[①]）。

2.　提出第一次的估算之后，要持续追求对项目问题的了解，尽快找到"信心点"，

---

① 这是一本全面深度剖析大脑思考运作的"思考圣经"，不仅可能改变你的思维方式，甚至改变你的工作、生活与人生。他建议不要太快做第一时间的回答，因为如果只做浅度的思维，往往错误率会偏高且容易被问题所误导。

在产生了信心点之后，主动向主管做出"承诺"，然后团队就可以以此为共同目标，努力去实践它。

工程师如何估算工时？让他依照团队所制定的简单规范来做预估，千万不要让工程师各自为政，没有一定准则做估算。上面两个简单的规则欢迎参考，我把它称为"**信心点估算法**"，**信心点越提前**，我们就能越快获得工程师的承诺，而让信心点提前的因素很多，多做测试就是其中一个。

4-5 结论

想要实施看板方法，必须依据设计看板墙的三个基本元素——**范围**（Scope）、**工作项目粒度**（Granularity）**大小**和**工作项目状态**（States）——来做详细的规划。如果在设计时范围设得太大，粒度小或者状态的改变周期设得太短，这样的设计会让团队忙得不亦乐乎却没有太多的产出。相反，范围设得太小，粒度给得太大或是状态改变太缓慢，会导致完全看不出看板墙有什么作用。第一次规划时，不需要太担心，因为看板方法就是拿来持续改进用的，它不怕错，怕的反而是不知道错在哪里！

在看板墙的设计里，我们谈到顺序性及并行方式的看板设计，也运用**复选框**来进行同步，而这些可能都是当初在做架构设计时就已经决定的属性，事后无法修改，当然做起来比较辛苦，但正好可以拿来作为架构适应性的评断标准。接着我们依据工作项目的属性，运用卡片颜色或来源作区分，最后再针对字段进行 WIP 限额，完成看板墙的初步设计。

在 4-2 节，我们拿设计用于 Scrum 框架中的看板墙作为范例，简单将看板崁入 Scrum 的**工作板**（Task board）上，至于为何拿 Scrum 作为范例呢？除了因为 Scrum 是目前敏捷开发中最受欢迎的方法之外，主要还考虑到实际运行看板方法时，可以借重 Scrum 的角色观点、会议运作及描述需求的待办产物事项，这几个地方都是看板方法没有阐述到的。

在 4-3 节，我们撷取网络上著名的"看板一日游"（One day in Kanban land），进行详尽的说明。老实说，它表达的深度还不足以展示看板的实际运作状态，但很适合初学者观赏，只是称它为"漫画"就好像有一点不足了。这里稍作补述：由于看板方法运用可视化的方式让团队可以看到流程，但不同的角色站在同一个看板前一定会产生不同的解读和不同的关注点，因此大家的情绪起伏也就大不相同（当产生阻塞住整个开发流程时，有哪一个老板会不跳脚呢!），这是"看板一日游"所缺少的地方，即人物角色少了表情的显示。请注意这一点，由于看板方法的目的是持续改善过程，所以一定是出状况后，我们再针对状况采取应对措施来进行改善，所以在做完看板解读之后，考虑相对应的措施时，一定要把相关角色（人物）的特性一并考虑进来，这样才会有事半功倍的效果。

最后，简单说明让团队自我管理的方法，制定简单规则三步骤：1. 订定公司的目标；2. 找出妨碍这些目标达成的瓶颈；3. 为管理这个策略瓶颈制定简单规则。也展示了工程师如何做估算的简单规范：**"信心点估算法"**，它是架设在尊重之下的一种信心估算时程方法，一开始便表明给工程师二次估算的机会，并且把工程师的第二次估算视为"承诺"，作为团队共同奋斗的目标。

精益开发与看板方法
LEAN SOFTWARE DEVELOPMENT:
UNDERSTANDING KANBAN METHOD

第 5 章

个人看板：类项目管理

"看板方法"是企业引入敏捷时所用的控制过程工具，而"个人看板"（Personal Kanban）则是个人或是小团队用来提升效能的开发过程工具。我们在本书第 5 章引入个人看板，目的是将看板方法运用于经常处于单打独斗的软件开发人士，还有提供想尝试提升自己工作效能的工程师朋友，另外就是为图 5-1 中的低头族着想[①]，提供一个机会，使他们随时随地可以拿来规划生活、打发空闲时间又能提升个人效能（如果不是工程师的话，可直接跳至下一章）。

图 5-1　台北捷运低头族

5-1　个人看板

吉姆·本森（Jim Banson）是"个人看板"（Personal Kanban）的创始人，他如下定义个人看板：

提供给个人或小团队的精益思想（Lean Thinking for Individuals and Small Teams）。

---

① 有一个个人看板游戏（https://habitrpg.com/static/front），它是一个免费的习惯养成 APP，用计分的方式鼓励用户养成好习惯（加分），去除不好的习惯（扣分），例如吃炸鸡块=扣分，阅读=加分。

意思是说，个人看板是基于精益思想下的一种看板运用，它提供给个人，运用于生活和工作上，也可以运用在小团队的开发上。由于名称"个人"的关系，大家通常都把它定位于提升个人效能的范围上，这一点是对个人看板最大的误解，其实原创者是把它设定在小团队的应用范围内。

"小团队的应用开发"这一点十分符合国内一群善于单打独斗的软件开发人士，当一个人在做项目开发时，就可以采用个人看板，将它运用在软件开发上，我称它为"类项目管理"[①]的运用。我们在学习看板方法的时候，也能把它运用于更多不同的范畴。

个人看板只有两条规则：1）可视化手头的工作；2）限制 WIP 的限额。但随着你持续使用它，时间会让你了解更多并体验更深，久而久之也就衍生出管理的需求，所以我们替它加上了第三条规则：管理看板。

在本章的"类项目管理"一节内，我会把个人看板如何运用于小组项目开发的"需求－估算－文件制作与分析－开发－测试－展示与反馈"，串起来架构出一个**看似完整但其实又不是那么在意它是否完整的项目管理过程**，我称之为"类项目管理"（Similar Project Management）。

5-2　制作第一个个人看板

请务必采用数字化的电子看板。个人看板有别于企业的看板，企业看板运用实体看板墙，目的是便于团队成员站在一起共同解读并一起讨论。个人看板则着重于让你自己随时随地都能查看和解读的方便性，因此采用电子看板自然是最佳选择。

制作个人看板的步骤如下。

- 步骤 1：可视化
  - 建立个人的价值流程。

---

① "类项目管理"（Similar Project Management）是一个新创的名词，是指个人或少数人士无法采用 Scrum 这样有角色区分的项目管理框架（因为人数不够），但实际又是在做软件项目的开发作业。在我教 Scrum 课程的十多年里遇到许多这样的人士，今天就把"类项目管理"送给大家参考。

o　建立个人工作事项卡片（别忘了编排它们的优先级）。

- 步骤 2：设定 WIP 限额
- 步骤 3：开始运行拉动系统的动作（管理看板）

这些步骤是不是很熟悉呢？是的，它跟建立看板方法的前三个步骤完全相同，其实完成前两个步骤就够了，第三步是教你如何改善流程。

5-2-1　可视化

建立个人价值流程从"既有的流程"开始，一般都是采用"待进行工作－正在进行的工作－完成"（ready－doing－done）的流程，然后把工作事项按照优先级排列好之后加进来。

绘制个人看板

1. 首先从规划一个最基本的三个垂直栏（Column）的看板开始，分别为待进行的工作（To do）、正在进行的工作（Doing）、完成的工作（Done）；然后依照看板的规则"由左向右、由上向下"将流程绘制成看板（参见图 5-2）。
   - **待进行工作**：列出准备做的所有工作。
   - **正在进行的工作**：已经开始投入的工作。
   - **完成的工作**：已经完成的工作。
2. 接着在**待进行工作栏**、**正在进行的工作**栏内开始填入工作事项卡片（参见图 5-3）。

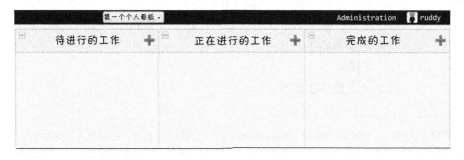

图 5-2　第一个个人看板

图 5-3　工作项目的卡片设定

- **卡片**：每张卡片代表一个对你个人有意义的具体工作项目。
- **卡片内容**[①]：可以参考 3-1 节的介绍，这里我采用了在 App Store 里常用的应用，这是它的卡片设定。

可以在运用个人看板的过程中，视真正的需求适当地加入或删除字段，虽然这种行为对企业的看板方法是一个危险的动作，需要经过一再的评估后再做改变，唯恐后果影响太大（通常是会引起情绪上恐慌的副作用）；但这对于个人看板而言再简单不过，请勇于尝试，接着我们来增加一点字段上的变化。

延伸垂直栏数以符合你的作息

当有太多的**待进行工作**项目时，会使看板显得眼花缭乱，此时便可以另外再开一个垂直栏作为缓冲区来使用，这种做法即称为**缓冲区**（Buffering）的运用。图 5-4 新增了"**准备**"（ready）跟"**今日工作**"（today）两个垂直栏，新增分隔缓冲区可以

---

① 电子看板要依照个人的电子配备来做整合。我喜欢在睡前靠在床上的枕头前滑平板，花 5 到 10 分 钟的时间整理好第二天的工作；早上在餐桌前，我也会再查一下行程，这个时候用的是便于携带的智能型装置，有时候我会一直看，坐上捷运时还在规划接下来的工作（这是软件工作者的特权，只要脑筋还能思考，就是在工作中）。

让工作项目变得井然有序（这有一点类似 Scrum 里的待办事项与冲刺项目的关系）。

图5-4　新增了"准备"和"今日工作"两栏

与真实世界的流程接轨

别忘了加入**"等待"**（见图 5-5），等待是人与人合作时必然的接口，就是互相的等待！

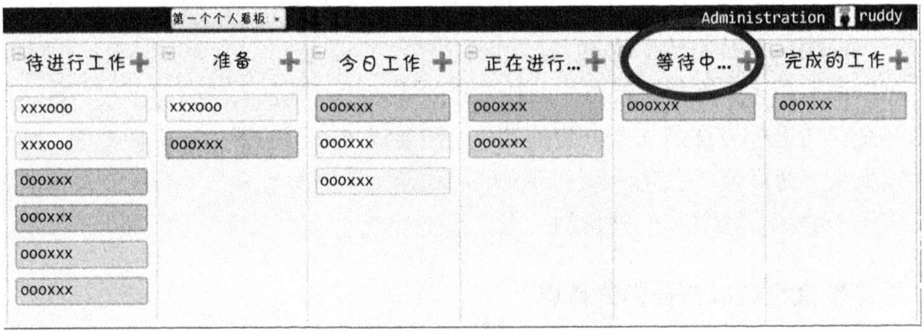

图5-5　新增了"等待中"一栏

没有人喜欢等待，它是属于流程无法控制的因素，也是属于没有产能的工作，还会造成许多潜在的不良心理因素！因此，与那些会让人等待的事情或人物接触时，规划与协调就显得异常重要了（能够事前先讲好时间限制，为等待设定 timeout 时间限制，可以避免发生无限期等待的事情）！

在软件开发项目里，我们经常会遇到需要等待的时机点，如果是顺序（需要同步）的流程时，等待时所有的流程都会停顿下来，造成阻塞；此时的解决之道只有等待同步的信号传回来或是超时（timeout）的设定启动，流程才有机会继续做下去。但如果流程不允许出现完全阻塞住的现象，在设计流程模式的时候就不能选择顺序性的流程，只能采用并行的方式，然后再依靠选项的方式（运用复选框），依靠卡片功能来完成必要的同步作业。

解决等待的问题必须靠事前协调的方式先取得共识，事后则只能在个人看板上面记录等待的事件，然后在事过境迁之后拿出来做检讨，邀请那些让你久候的人士，一同回顾这个看板（运用友情的压力，希望下次能得到改善）。事先讲好等待的方式及时间，可以减少在时间上的不必要浪费。

5-2-2　设定 WIP 限额

个人看板有什么半成品限制呢？这里的**半成品 WIP** 所指的是，**不要一次做太多不能立刻完成（需要等待）的事情**；另一个思考方向是，我们不该做超过自己能够承受的负荷。如图 5-6 所示，限制自己的工作量数目正是为了看清楚自己在各方面的能力，然后尝试着去改善它。

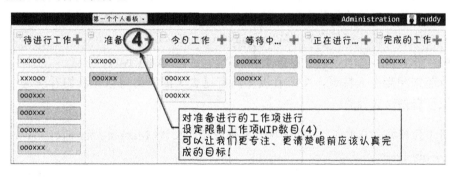

图 5-6　设定 WIP 的限额

人不是机器，人类太容易受情绪和精神的影响了。我们有时候能够展现出极高的创造力，有时却把一些简单的工作搞得错误百出，尝试限制自己的工作模式可以让我们更集中精神，专注地完成工作。因为专注地完成一件事，要比做一大堆半吊子的事好得多。因此我们要懂得通过设限自己的工作量来更进一步了解自己的工作状况，把它适当反映在看板上面，能够让我们做进一步的动态调整，这一点可以协助我们更正确地完成工作，也可以拿来改善我们做事的效能。

5-2-3　看板管理：开始运行拉动系统

如何管理个人看板？要管理什么？企业看板方法的目标在追求高的产出率，而个人看板在追求什么呢？我们先来看看它能给我们什么？

通过个人看板的运作，你能看到：

- 你想要的是什么？（What you want）
- 你做了些什么？（What you do）
- 你是怎么做到的？（How you do it）
- 你跟谁一起做的？（Who you do it with）
- 你完成了一些什么？（What you complete）
- 哪些是你尚未完成的？（What you leave unfinished）
- 你做事情的速度如何？（How quickly you do things）
- 是什么原因造成你的瓶颈？（What causes your bottlenecks）
- 是什么时候？为什么会造成拖延？（When and why you procrastinate）
- 是什么事情让你焦虑？（When and why certain activities make you anxious）
- 你能承诺一些什么？（What you can promise）
- 什么情形之下，你可以说不？（What you can say No to）

看起来相当令人惊讶，个人看板竟然有这么大的能耐可以让我们看清这么多事情！原创者是这么说的：

将工作可视化在看板上，能使我们主导我们的生活（Mapping our work allows us to navigate our life）。

——吉姆·本森

还记得设计看板时的依据吗？要依照**想要达成的目的**及用户来设计它，接下来我们就依据使用个人看板的目的来设计它。

运用个人看板做时间管理

如果无法管理时间，就无法管理其他事情！

这句话是彼得·德鲁克留给后世的警语。德鲁克曾说："几百年后，当历史学家撰写我们这个时代的历史时，他们的重点将不会放在科技，不会放在互联网，也不会放在电子商务，这是人类前所未有的改变，严格来说，这是人类第一次具有实在且立即的大量选择，这导致人们必须管理自己，但是这个社会却完全没有准备好。"

想做好时间管理的人，你应该试过任务清单了，那长长持续向下延伸的工作事项，让人看了就不知道该从哪里开始，放着一天不用、二天、三天……，等下一次再打开来时就会有强烈的罪恶感，最后干脆就不开了！建议你，扔掉吧！

你可能也试过脑图（Mind map）之类的分析工具，用起来比任务清单好太多了，能提供很丰富的成就感，每回当众拿出来展示总会让大家惊艳，除了觉得很过瘾之外也很有成就感。这样的思维结构化似乎对构思也很有帮助，但做完了之后总觉得少了些什么？悄悄跟你说："**是流程，少了显示流程的状态，一种现实生活中不会缺少的过程。**"来！让我们改用个人看板吧！

个人看板由本森所推广，他和巴里（Tonianne DeMaria Barry）合写了一本书《个人看板》（*Personal Kanban: Mapping Work | Navigating Life*），出版于 2011 年 2 月，在 Amazon 上很受欢迎，一直维持在四颗星的水平。这几位人士和软件界的看板之父安德森都是同一时期致力于推广看板方法的人物，只是他个人以为看板方法也可以运用在个人及小团队上得到非常好的效能，是一个绝佳的时间管理系统，因此就将时间和精力致力于既可用来提升个人工作效能又能改进生活方向的个人看板上（对提升工程人员的效率而言，真是贡献巨大）。而我个人则觉得这是工程师必学之术，是敏捷开发方法的一员，符合精益开发的精神，它想做到的是教我们如何不浪费，借着不浪费自己的日常生活和工作来提高效能。

若是寻求在"短时间"集中精神提升工作效能的方法，我会推荐番茄工作法。番茄工作法是弗朗西斯科·西里洛于 1992 年创立的一种相对于 GTD（Getting Things Done，一种行为管理方法）更微观的时间管理方法，在番茄工作法一个个短短的 25 分钟内，收获的不仅仅是效率，还会有意想不到的成就感。其执行的七步骤如下。

1. 在每天开始的时候规划今天要完成的几项任务，完成每个任务需要几个番茄钟，将任务逐项写在列表里（或记在软件的列表里）。
2. 设定你的番茄钟（定时器、软件、闹钟等），时间是 25 分钟。
3. 开始完成第一项任务，直到番茄钟响铃或提醒（25 分钟到）。
4. 停止工作，并在列表里该项任务后画个 X。

5. 休息 3~5 分钟，活动、喝水、方便等等。

6. 开始下一个番茄钟，继续该任务。如此一直循环下去，直到完成该任务，并在列表里将该任务划掉。

7. 每四个番茄钟后，休息 25 分钟。

蕃茄工作法是以一日之内的短时间作息为主，而"个人看板"则是针对工作事项而不是时间控制的长短，它反映出以下几点，哪一张工作卡片从何时开始？已经做了多久？是否有遇到任何障碍？它的执行效能如何？这几种信息可以来自累积流程图或是直接就显示在看板上面，它对于一个星期或是一个月的作息也能适当体现。

个人看板对紧急事件的处理

图 5-7 是个人看板处理紧急事故的情况。

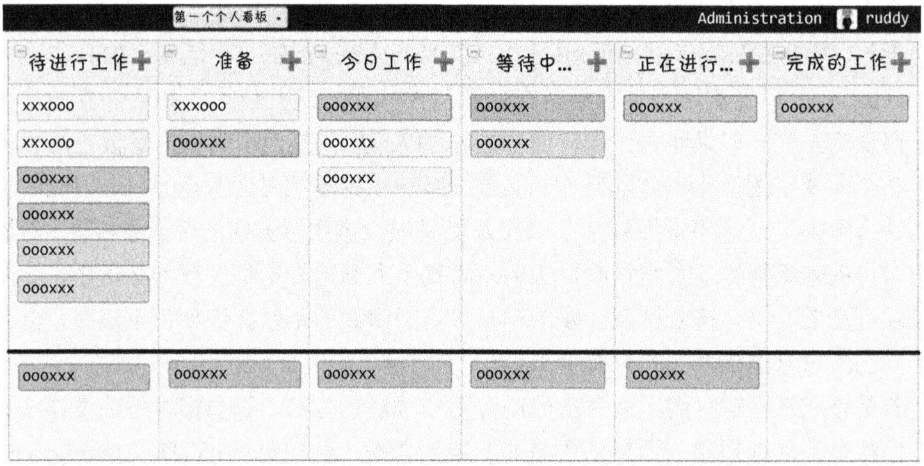

图 5-7　处理紧急事件

图 5-7 中下半部所多出来的泳道，是用来处理紧急事故的。看起来似乎没有什么特别之处，但是你会发觉，每当我们遇到紧急事件时，通常会先放下手头上所有的工作，专心解决紧急事故；但是一旦处理完毕，我们却很难完完整整地回到先前的工作状态中，总是有遗漏的地方，总是有一些次要的工作被忘了，尤其是那些较不重要的事或是刚刚开始的工作。可是当有了个人看板之后，一切都有条不紊地陈列在看板上，就不太容易出现遗漏了。这是最大的差别，我们可以清清楚楚知道自己在做什么、哪

些事是做完的、哪些工作已经放在那里多久了以及我们做得如何。

"**完成的工作**"字段留存先前刚刚做完的一些工作项目，留在这里是供我们事后检讨用的，它是获取经验的最佳方式。虽然自我检讨很容易流于一厢情愿，但仍然不能失去这个宝贵的机会，让回顾成为迈向更好明天的基础，回顾完毕后可以清除完成的工作项目。

何时使用个人看板

对于时间管理而言，个人看板相对于过去的任务清单（To-Do-List）或是脑图（Mind map）之类的工具，最大的差异在于它控制的是流程，能够显示流程的状态并协助分析、调整及记录生活的过程，让你可以做到事后的回顾，但前提是必须勤于记录。那应该在什么时间点来记录个人看板呢？

- **睡前的沉思时刻**

  "睡前的沉思时刻"这是我最喜欢更新个人看板的时机，也是我几乎不会忘记的时刻，做久了你会觉得这是一种享受。一整天的收获，让我带着它们入梦吧，这是事事顺心的时候；免不了会有不顺利的时候（担心的时候），这个时候我会更用心地看它，仔细地审视一下哪里还有机会出纰漏。哈哈！久而久之，不看是不能入眠的（记得要调整好床头看书的角度）。

- **有空就做的审视行为：滑手机**

  看板是一种实时性（Just In Time，JIT）系统，可随时随地更新，老实说"它是滑手机的最佳时机"！在看板上面出现空位的时候才进行新的作业，这是拉动系统的一种特色，不会让工作变得凌乱无序，很适合那种缺少管理理性思维的人采用，而且它的效益无限。看板方法是最适合拿来滑手机（用平板也不坏），理论上可以无时无刻、随时随地更新自己的个人看板！

个人看板可以让我们生活得更有效率，通过可视化自己的日常生活、处理事务的方式，让原本可能浑浑噩噩度过的一些日子变得看得见，更明确（拿来减肥或改掉坏习惯也行！至少也能记录下来这周我买了几次鸡排）。通过设定 WIP 值来限定可以工作的事项，会让我们拥有更多盈余时间来做更多的事，生活得更美好；而通过不断的检讨，可以改善人与人之间的关系，真是一举多得。

5-3 个人看板与软件开发：类项目管理

针对项目开发，在我们开始进入项目规划之前，首先应该确定的便是项目的"范围"（Scope），即便是一个人的项目也不例外！

5-3-1 项目的范围

在开发项目之初，确定范围是不可缺少的步骤！对于用户所提出的需求，此刻他可以清楚描述自己的需求吗？能肯定产品的范围吗？大部分项目失败的首要原因，就是在项目开始时忽视明确化产品的范围，这一点也是一个人开发项目第一个要搞清楚的地方，做多了或做大了都可能使项目很难收尾（请考虑精益开发的第一原则："消除浪费"）。所以不要说必须做多次访谈，就算要促膝彻夜长谈，也要弄清楚这一点！

对于负责开发的一方，有许多方法可以用来帮助用户弄清楚自己的需求。从实用的角度，我会推荐罗伯逊夫妇合著的《掌握需求过程》（*Mastering the Requirements Process*）一书中所详细解释的 Brown Cow 模型[①]，我们可以借助它来延伸需求的方向。尽早弄清楚需求的过程可以明确产品的方向及重点，方向对，才能在开发过程中保证不会走错路。（很多工程师习惯用 Excel 来做需求项列表，这是一个好习惯，但我个人比较喜欢采用 Power Point 来做列项目，因为它很像卡片，可以完全对应于电子看板的工作项目。）

产品开发时的需求描述是看板方法或是个人看板都没有触及的地方，虽然可以在开发过程中再逐渐发觉，但因为需求的描述与估算对整个项目的影响巨大，所以在这里我们要借鉴 Scrum 的用户故事来处理需求描述这一个环节。首先我们简单描述一

---

① Brown Cow 模型使用两条轴线分开 What、How、Now 及 Future，通过四个象限来说明需求。How-Now 象限展示工作当前的实现，包括实物工件、人员和完成工作的处理节点；What-Now 象限展示真正的业务策略，也就是工作的本质；Future-What 象限展示拥有者希望的业务，不包含技术实践，因此纯粹是建议的业务领域未来状态；Future-How 象限展示了将来业务但不包含技术策略的视图，加上使之成为现实的技术和人员。

下 Scrum 对产物的定义。

- **产品待办**（Product Backlog）：是一份排好优先级的列表，产品所需要的所有东西都在这里，这也是唯一一份记录对产品有任何改变的必备要件表。被视为代表客户的产品负责人（Product Owner）对此产品待办事项全权负责，包括它的内容、可使用性和它的顺序。
- **短冲待办**（Sprint Backlog）：是从**产品待办**项目中选出要在这次**冲刺**中做的工作事项，**短冲待办**是开发团队对于下一个产品增量所需要的功能以及将这功能转换成"成品"所需要的工作预测。
- **产品增量**（Increase）：是指在**短冲**内所有完成的**产品待办**项目的总和，以及所有之前**短冲**的**产品增量**的价值总和。在**短冲**的最后，新的**产品增量**必须是"完成的"，所谓"完成"（Done）是指新的**产品增量**必须是可以使用的状态，并且达到 Scrum 团队对"完成"的定义。它们必须是可以使用的状态，姑且不论产品负责人是否决定要实际发布它。

前面三个产物中，**产品待办**是用户提出来的业务需求，可能很实用也可能是一个较大的业务需求，这都没关系，团队要了解**产品待办**但不需要立刻进行拆解或是细分成工作事项，开发团队只有在将**产品待办**挑选出来放进下一次开发范围内时才做拆解，这时候我们称它为**短冲待办事项**（Sprint Backlog Item，SPI）。每次的开发迭代我们称它是一轮的**短冲**（Sprint，或称冲刺），只有当**产品待办**被调出来成为**短冲待办**的时候，开发团队才会把目光移到它身上，并开始在它身上花工夫。通常这个时候我们才把它放进看板墙上，因此个人看板的第一个字段通常就是"冲刺待办事项"（Sprint Backlog Item）[①]。

5-3-2　建立个人看板

在 5-3 节中将介绍几种个人看板，我们用不同的命名来做区分，大范围的个人看板称为"整合型的个人看板"，单一项目的看板就以项目名称来做区分。因为通常不会只有一种看板，所以也不要企图把所有的看板都整合起来画成一个，看板就只是为"单一目的流程"所做的便于可视化控制的显示墙。能够适度抽象化以忽略掉一些

[①] 短冲待办（Sprint Backlog），本书有时亦称为冲刺待办，它们是指同一个东西，也就是这一个循环（iteration，迭代）准备完成的工作项目。

细节是绝对必要的，要是整个看板都画得满满的，光做解读就费时费力，反而会失去看板的效益。

绘制个人看板的第一个步骤是**可视化**现有的开发步骤。如图 5-8 所示，我拿自己常做的开发步骤为例，将它制作成价值流程图体现在看板墙上（这里我们先从个人的看板墙开始，随后再把周遭与项目开发上可以配合的部分加上去）。

开发价值流程
需求
开发
测试
交付
缓冲区的设计
Buffering
看板墙的各栏设计
冲刺工作项目
预备
(分析及文件制作)
2
开发
2
进行中 完成
测试
1
发布

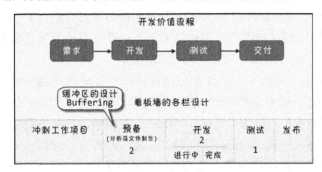

图 5-8　将现有的开发流程画成价值流程图

图 5-9 中，**冲刺工作项目**字段内的工作事项是由**产品待办**里面依优先级挑出，要在这一个循环（iteration）中完成的工作，也就是（属于我们可以控制的项目）有必要进入看板作为开发管理工作的一部分。虽然看板方法没有循环迭代的概念（看板是以“流程为基础”的模式，不像一般敏捷开发法是以“迭代为基础”的模式），但我们可以把循环的区块移到外部，视同为外部不可控制的部分来处理。

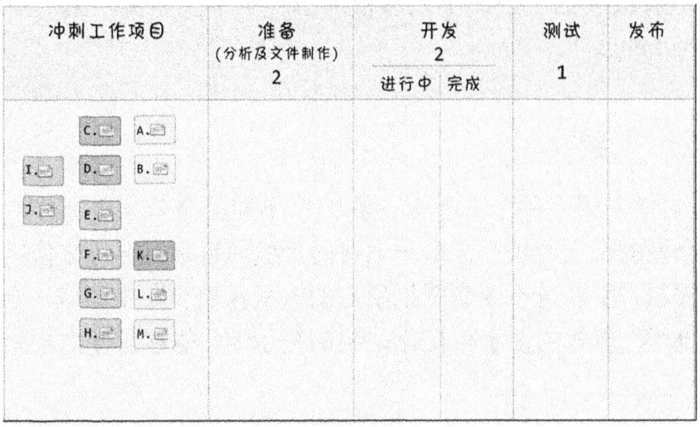

冲刺工作项目
准备
(分析及文件制作)
2
开发
2
进行中 完成
测试
1
发布
C.
A.
I.
D.
B.
J.
E.
F.
K.
G.
L.
H.
M.

图 5-9　以“冲刺工作项目”为第一个字段的个人看板（0/10）

5-3-3　个人看板一日游

还记得上一章的**看板一日游**吗？那是七个人的开发团队，分别由扮演客户角色的 PO（Product Owner）、四个开发人员及二位测试人员所组成的开发团队，它描述了一个开发团队典型的看板历程，这里我们要再来走一趟"个人看板"的一日游。

1/10　说明：开发新功能先架构后重构

如图 5-10 所示，"要从优先等级最高的工作项目做起"，这句话很正确，但是没有打底（形成架构）的基础动作，哪里会有上层看得见的功能（提醒一下，衍生式的架构设计或称为浮现式设计①，它是一种敏捷开发技术，强调在开发过程中不断演进，通常我会用一两个问题来对应刚刚衍生出来的架构设计，这么做是提醒自己是不是已经有设计模式可拿来做参考的，我始终不相信自己是第一个面对这类问题的可怜人。先做"架构"设计，它会出现在有经验的工程师身上，你会发现在上面这一张图示里的做法是先忍耐住，把最重要的工作事项 K 继续放在**冲刺工作事项**内，然后把打底用的工作事项 A 和工作事项 B 先拿出来**分析及制作文件**（用 PPT 文件让人容易抽象解题，而且不容易厌烦，讨厌做文件的人可以试试看）。程序开始之初重在"架构"，"重构"则是完事之后的最后一道功夫，成熟的工程师要忍住不做新的工作事项，反而先倒过来做整理的动作，管理者必须支持和肯定这样做的重要性。

请注意！是先将工作事项 A 和 B 拿出来分析及制作文件，产出呢？是"活文件"或是"测试案例"，我们姑且称之为**"类文件"**（Similar Document）。你可能会认为一个人的开发作业还做什么文件呢？不是的，我称它为**"类文件"**的原因是，视客户的需求来制作开发文件，若客户有 IT 部门，可以进行较完整的验收测试时，这份类文件就是测试计划，它包含即将开发功能的测试案例。当客户规模较小，它则是拿来让我们自己能够信服的单元测试，或是进一步包含部分数据的整合测试。（在项目

---

① 司各特・L. 拜恩（Scott L.Bain）的《浮现式设计》（*Emergent Design：The Evolutionary Nature of Professional Software Development*）一书中谈到如何在演进过程中综合运用设计模式、重构、单元测试和测试驱动开发等实践以及何时制定耦合、内聚和封装等关键决策，并且通过准确生动的范例说明如何开发出真正有用的软件。

开始时，我有一个习惯，就是开一个名称是 Document 的目录，不管项目的大小，或是客户是否有要求文件的需求，只要跟项目有关的东西或是自己用谷歌搜来的东西，我都把它们丢进这个目录里，其中一定会有一个 PPTX 文件是用来做系统概述的，它是拿来交接给自己的文件。）

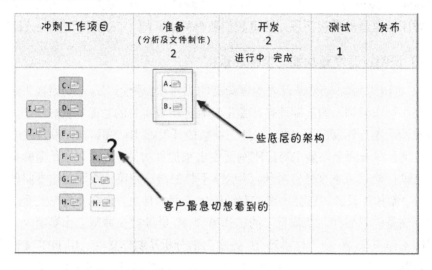

图 5-10　客户急着看到的工作事项往往是位在底层之上的较大功能项目（1/10）

（假设 K 为较重要的急件，优先等级较高）

类文件

类文件是一种以实作为主的文件，对撰写它的程序设计师而言，它是拿来迅速唤起回忆的东西；对新加入开发团队的工程师而言，它是一份描述开发程序的规格文件；对测试人员而言，它就是我们拿来做自动化测试的规格书。它是一份与程序同步的文件记录，它是一份正确的文件，如果它有错误则程序就不可能是正确的。对用户接口或 API 接口而言，通常都记录在 Excel 文件里，这样就可以方便地读取。这是来自敏捷开发中所谓的活文件的观念，及 Fit（Framework for Integrated Test）[1]所引发的实践。

---

① Fit（Framework for Integrated Test）是瓦德·坎宁（Ward Cunningham）所创的活文件概念，其服务称为 FitNesse，是一个自动化测试的工具。

这里的工作步骤是，运用开发文件先做测试案例的规划。在开始开发作业之前先把如何认可这个工作项目"真正完成"（也就是 Done）的验收标准写下来，接下来任何开发作业都是如此，只有"完成"的定义清楚了，才做开发的工作。

这是成熟与新手工程师效能的一个分界点，年轻的工程师抓取拉动工作项目就开干，完全无视于要达成的目的为何？但成熟的工程师不写没有明确定义何谓"完成"的功能，也就是说他不写没有测试案例的功能。

2/10 说明

你一定会觉得奇怪，图 5-11 中，如果只做 A 为何一开始还要把 B 选进来呢？这是一种让逻辑思维能够连续的习惯做法，意思是如果我希望做完 A 时能够将 B 也一起拉进来，让我的思考范围不只局限于功能本身，而是拉高一个视野的层次，将相关的东西放进来。因为我一直以为在单一功能没有缺陷（bug），并不表示执行的时候没有缺陷；因为逻辑思考中断在一个功能的边缘而造成隐含的 bug 发生而不自知，而这种隐含的 bug 最难找出来！因为自己一个人在做开发工作时，要想能够尽量使逻辑思考连贯不受中断，最好的做法是直接把有关的功能一起放进来（例如，最好想着将新增及修改的功能一起做对），目的是加大逻辑思考的范围（多人开发就很难这么做，因此很难避开这种缺陷）。

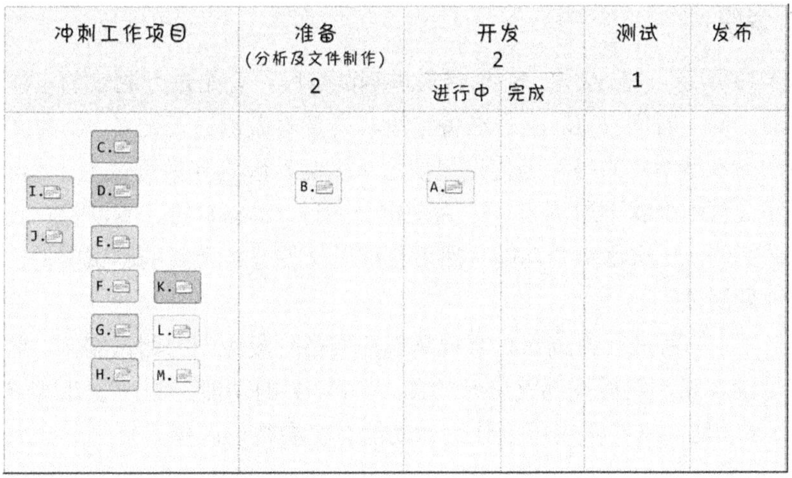

冲刺工作项目	准备 （分析及文件制作） 2	开发 2		测试 1	发布
		进行中	完成		
C.					
I. D.	B.	A.			
J. E.					
F. K.					
G. L.					
H. M.					

图 5-11　开始做 A 的开发工作（2/10）

3/10 说明

如图 5-12 所示，遵循拉动系统的原理，只有在做完 A 之后将 A 移入次字段**完成**字段，才能将 B 的工作项目拉进来。

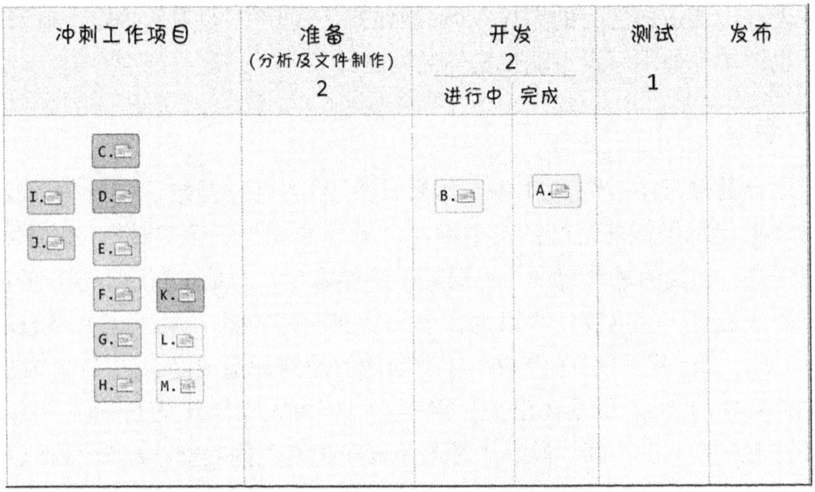

冲刺工作项目	准备 （分析及文件制作） 2	开发 2		测试 1	发布
		进行中	完成		
C. 🗁					
I. 🗁　D. 🗁		B. 🗁	A. 🗁		
J. 🗁　E. 🗁					
F. 🗁　K. 🗁					
G. 🗁　L. 🗁					
H. 🗁　M. 🗁					

图 5-12　开始做 B 的开发工作（3/10）

4/10 说明

如图 5-13 所示，将 A 和 B 项目放进**测试**字段，开始进行测试的工作，因为它们是一组的；同一时间将 K 放进**准备**字段，交替着做测试及准备 K 的文件分析。你会问多任务不是不好的吗？为何这里要这么做呢？因为要做测试工作，自己测试自己写的程序（基本上就不用测），因为一定会通过（pass）的。所以呢？我喜欢一次抓两个测试案例，一次测两个功能，然后交替做文件分析及新的测试案例，让自己能够更客观地做测试。

整理一下，如何进行测试呢？客观拿起在**准备**阶段所做的测试案例，运用文件让自己能够尽量客观，然后按部就班开始测 A 和 B 的功能，测一会儿就转过头来分析 K 的测试功能，这样做也可以让测试功能有机会得以改善。

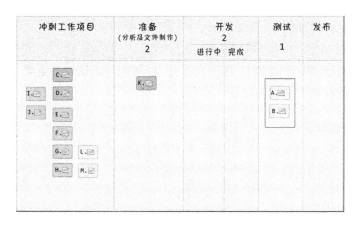

图 5-13　开始做 A 和 B 的测试工作（4/10）

5/10 说明

图 5-14 中，K 是客户认为非常重要的项目，当我们开始进行开发作业时，让客户知道我们正在做的事是他最在意的，是一件很重要的事，这是让项目增加透明度的象征。这是一个十分重要的步骤，预先让客户知道开发进度，可以让客户有期待的预期心理，也能够事先与客户达成准备展示的预先约定作业。因为一个人的开发作业最怕等待了，而先行预约可以减少等待的时间，所以我们在工作事项 K 开始开发时就要主动知会客户。

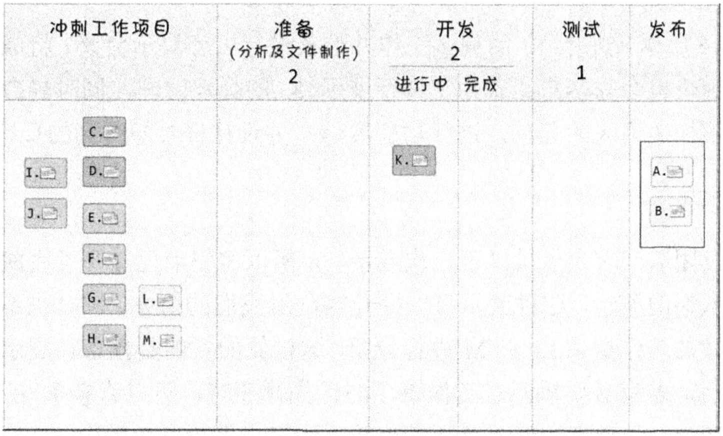

图 5-14　A 和 B 测试过后进入发布字段，开始做 K 的开发工作（5/10）

如图 5-15 所示,接着完成 K 的开发工作,并与客户确认这个重要工作事项 K 的种种功能,以达成初步共识与确认。

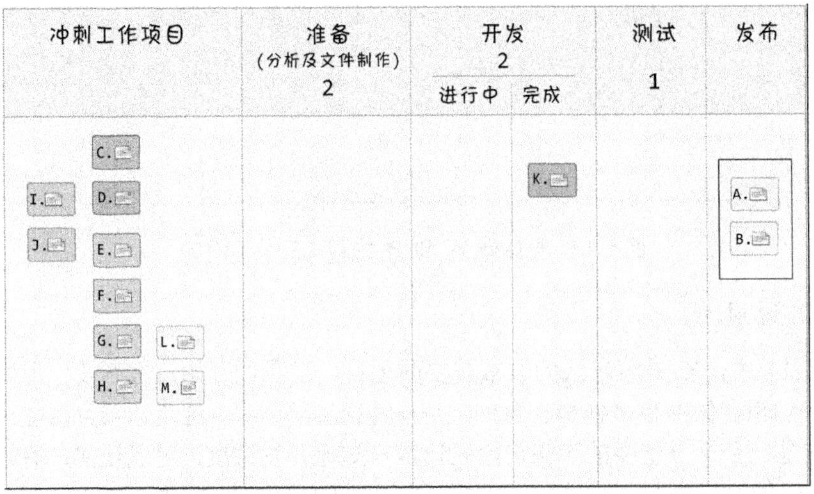

图 5-15　完成 K 的开发工作（6/10）

7/10 说明

如图 5-16 所示,进行 K 的测试工作并准备进行内容展示会议,将成果展示给客户,并利用这个机会与客户正式约定进行展示 K 的会议时间,同时视自己的信心程度决定是否增加邀请人的名单,进行功能展示,并设计好希望得到的反馈。

8/10 说明

这是开发团队向客户做的"第一次展示",所以将先前已经开发完成的工作项目一起做一次顺畅的展示,这种展示可以提升客户对我们的信心。同时也不要忘记先对接下来准备做的工作事项 L 和 M 进行**分析**,这样做的目的是预备在展示会议时取得客户反馈之后,若有必要重新做工作事项的优先排序时,可以直接拿 L 和 M 的重要性来询问客户,与反馈的变更事项做比较,让客户重新自行排序,决定要做"新开发"还是先进行"修改"。这种动作是敏捷开发中最重要的一件事,就是给客户他所要的东西为前提，尊重客户让他做排序，并决定接下来的工作事项，如此可以换来对"敏捷式合约"的认同。

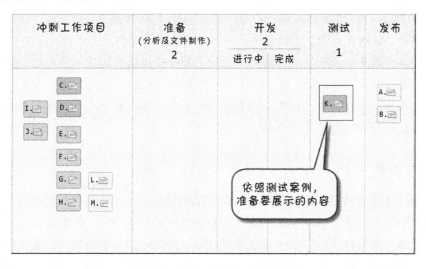

图 5-16 进行 K 的测试工作（7/10）

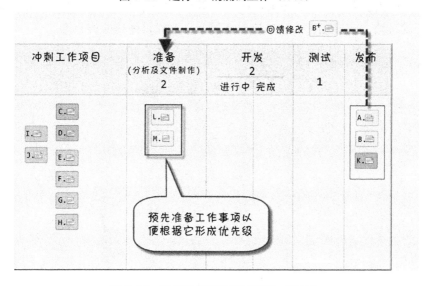

图 5-17 进行展示前的测试工作（8/10）

9/10 说明

项目的透明度常常决定着客户对我们的信赖程度。图 5-18 中，我们接受了客户的意见，账面上浪费了 B 的开发时间（B 被重新调整为 B+，重新来过），但是私底下却赢得了用金钱也难以换来的客户的信任。但如果同样的情形，也就是需求不明确需要重新开发的事项一再发生呢？是不是要浪费更多时间只为了客户改变了心意？其实，这代表来自客户的需求描述可能不够清楚或颗粒太大，应该立即与客户做需求修正的讨论，能够在文件上确认比在展示会议后再做修改好得多。

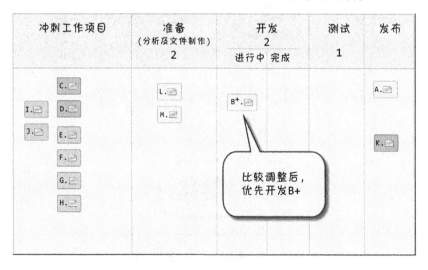

图 5-18　客户决定 B+ 重于 L 和 M 工作项，须先行开发（9/10）

10/10 说明

如图 5-19 所示，最后，我们把看板之外的部分加进来，第一个是**需求**的部分。我们把用户对需求的描述统称为**产品待办**（product backlog），将它放在看板之外是因为它属于客户所拥有，客户可以对它进行修改与排列优先级，是我们不容易控制的。但是，其实用户对需求的描述是产品开发上极为重要的一环，而大部分用户对需求都没有详细描述的能力，这一点在大企业的 IT 部门尚且如此，而没有 IT 部门的小公司更难对需求做详细描述了。因此在进行需求访谈的时候，一定要给予相当的协助。我们来参考 Scrum 的做法。

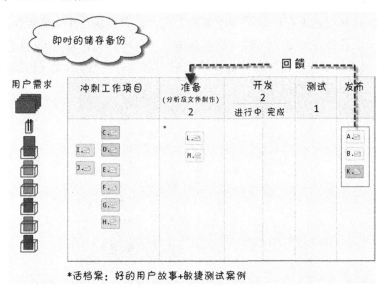

图 5-19　看板以外的项目活动（10/10）

Scrum 采用的做法开发团队一起进行需求访谈

传统的需求访谈采用一对一的方式进行，由合格的系统分析人员与客户进行系统需求的描述问答，然后再写成系统需求文件，做成记录并让客户签核取得认同后，就成为开发的文件。敏捷开发不这么做，它让负责开发的工程师一起听用户描述需求，PO 就是扮演客户角色的产品负责人，他对需求做出一段简述后，接着提出一条一条的故事，我们称之为**用户故事**（User Story），然后 PO 用心将一条条**用户故事**陈述给开发人员听，此时开发人员可以针对自己所不了解的需求提出问题，问答持续进行直到大家都了解才继续说明下一条需求。

这表示敏捷开发是由所有成员一起进行系统分析、了解的工作，并且一次只针对足够一个循环工作的需求进行了解。这个循环可能是 2 ～ 4 个星期之内的工作区间，过程也会有记录，但签核的动作不一定是必须的。Scrum 团队召开一个计划会议来讨论它，并针对这个循环要完成的工作做拆解，集体估算工时（通常是进行一种扑克牌估算游戏。

一个人工作的时候无法像 Scrum 一样有团队的支持，但可以更省时、更精准地听用户描述需求[1]。

图 5-20 是在描述用户，以**用户故事**的方式，提供需求给个人看板作为输入的**冲刺待办事项**，工程师在计划会议时将它拆解成一个一个的工作项目（，即任务 Task），并在它被拉入**准备**字段时将**冲刺待办事项**写成"活文件"[2]的形式（也就是工作项目的详述再加上测试案例的描述）。

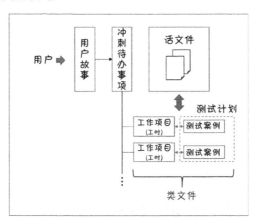

图 5-20　用户故事、冲刺待办事项及活文件

---

① 《用户故事与敏捷开发》是由敏捷大师迈克·科恩（Mike Cohn）所写的需求描述法。User Story（用户故事）是一段简单的功能叙述，以客户或用户的观点写下有价值的功能（functionality/feature）。User Story 不是 Use Case（不同之处），也不是 Scenarios，其标准格式如下：As a <type of user>, I want <some goal> so that <some reason>。中文格式为"作为<用户身份>，我希望<目标>从此以后<利益>"。

② 活文件（Living document）请参考《实例化需求》（*Specification by Example*）一书。

活文件可大可小，在这里我称之为"类文件"，它属于敏捷文件的一种。在一个开发项目中，唯一有用的文件就是测试案例了，工程师可以运用半自动化或全自动化的方式，将工作项目的细项数据植入便于读写的 Excel/HTML 档案里，在测试时再从测试案例读取这些数据以测试我们的程序，如此便形成一种半自动化的测试；这个时候 Excel/HTML 文件便可称为"活文件"，而这种像是活文件又像是测试案例的东西，我就称之为"类文件"。

类文件有一个很明确的目标，就是让新加入项目的程序员能够快速上手。当项目来不及完成时，我们想到的通常就是增加人手，四十年前的旧书《人月神话》①作者布鲁克斯已经跟我们说得很清楚了："千万不要盲目增加人手，因为加入新手只会让项目延迟得更凶"。但反观许多 IT 部门，他们还是喜爱如此，项目会延迟……增加人手便是，一种"只要是一个萝卜一个坑，问题就好像解决了"的观念依然存在。布鲁克斯又说："其实，进度延误应该是经常会发生的，我想不盲目加人是关键，更重要的是大家坐下来检讨进度落后之因，通过分析找出赶上进度的方式，是否有哪些功能规划有缺失，或者是工程师对需求的掌控度有落差，这才是根本的解决之道……"。类文件就是用来协助增加人手而不会减慢开发速度这一问题的。

类文件也是测试案例，新加入的人员以测试人员的角色进入这个项目，然后在熟悉测试案例后就可以配合 Excel/HTML 的分析文件加入程序员的行列。这个两步骤动作的目的就是减少增加人手时的前置时间花费。

5-3-4 另类的个人看板

创意看板（Creative Kanban）

创意看板意指拿来记载个人的创意及执行结果的看板。

图 5-21 所示的看板可以拿来记录突然想到的一些想法（idea）和这些想法执行后的结果。基本上是两个大步骤：**想法**及**执行**，然后每个大步骤之下又再区分成三个小

---

① 《人月神话：软件项目管理之道》（*The Mythical Man-Month：Essays on Software Engineering*）是由 IBM System/360 系统之父布鲁克斯所著的经典文集，全书讲解软件工程、项目管理相关课题，被誉为软件领域的圣经，其内容源于作者布鲁克斯在 IBM 公司 System/360 产品系列和 OS/360 中的项目管理经验。

步骤（Column，垂直字段），它们的目的是实现所谓的"执行三步骤"（Ready－In progress－Done）。多做几次不同的看板你就会知道，它跟赛跑是一样的，即"各就各位－预备－鸣枪"，目的是希望一切能够按部就班而已，但看起来自然有"排队理论"的味道。看板的运作习惯上是由左而右、由上而下流动，但这不是绝对的，而审视看板则经常是由右而左倒推回来，因为这样容易尽快看到流程的瓶颈点。

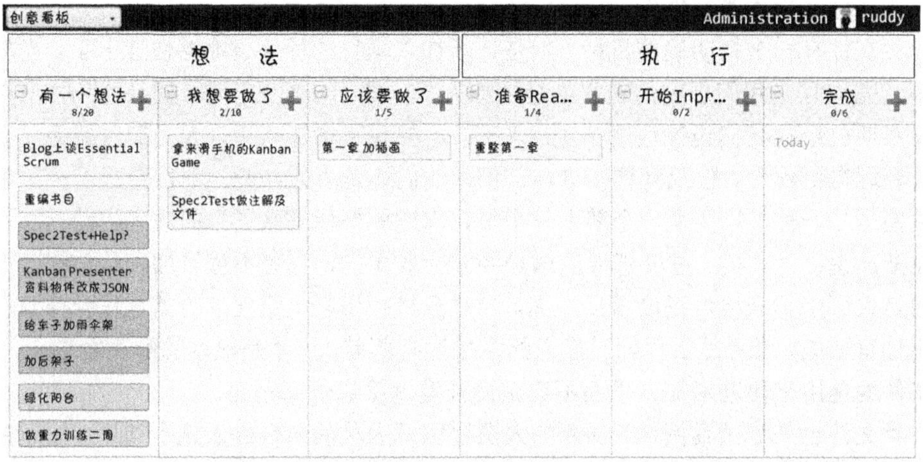

图 5-21　记载着个人的创意及执行结果的看板

前面的看板告诉我们："想法太多而执行太少（第一个字段挤得满满的），这就是看板最有趣的地方，经过可视化以后就很容易看到问题。"我在制作时只是按照正常的做法，用一个垂直栏把想法先收集起来；然后"我想要做了"就拉一个工作过来；等到"应该要做了"就再往前搬一格；有空了，把"应该要做了"的工作拉一个进来准备开工。但设计虽然是这样，等到真正执行起来，就可以发现以下几点。

1.　会发觉新点子（idea）一堆，实际上做得太少了，进度不佳。

2.　新的想法好像又拥有特权，总是能先得以执行。反过来说，有一些想法一直被放在"有一个想法"的字段，始终不会被拿出来。

上面这两个现象会让你很想新增一个功能，就是把第一个垂直字段的部分工作事项直接移除的功能，或是想加一道门槛来限制新想法的进入。正确的做法如下。

1.　将新想法排列优先级。

2.　降低新想法的半成品数（WIP：Work-In-Process）限制，将 20 向下调整，或许 10 是一个不错的数目。

　　好了，经过分析后加以调整，这样子就可以正常使用这个看板了吗？是的，让它正常工作，我们接着应该是持续观察它，一旦觉得可能出现问题时再来调整就好了。这是看板和所有的敏捷方法共同的特性，就是"持续改进"！话说那些半成品的数目是可以进一步视状态来做改善的，目的只有一个，就是"让产出最大化"。

　　经过前面创意看板所累积下来的经验，看上去是在执行个人化的看板运作，但实质上团队在做开发工作时也常常会出现同样的现象。我们总是在项目开始之初陈列太多功能（还记得大部分应用程序有 40% 的功能是从来没有人使用的吗？例如 Word 的排版功能），这跟我们在第一个字段内陈列那么多的待办工作项目是一样的。这个看板调整的经验也可以作为团队运用看板的经验。请注意，执行看板方法一定要有走完整个看板流程的习惯，否则你可能会在流程上始终遗漏有一些失误？

组合型（Portfolio）的个人看板

　　你不会只有一个个人看板的，针对每一个单一项目就可以拥有单独的看板墙，因此你需要一个整合型的看板来管理这些个人看板，我们称之为**组合型（Portfolio）的个人看板**（见图 5-22），例如运用一个整合型的看板来管理其他各类型的看板。

图 5-22　组合型看板：看板总管

串接型的看板

由年度整理预定的家庭或个人大事记，再将细项转入每周的看板，功用是提供年度计划或重大事项，如图 5-23 所示。

- 年度看板：预订假日、旅游、每个月份大事……
- 每周看板：由月份移入，黄色：公司，蓝色：程序，红色：待修，绿色：健康工作项目。

图 5-23　年度看板串接每周看板

5-4　结论

本森是个人看板（Personal Kanban）的创始人，他如此定义个人看板："**提供给个人或小团队的精益思想**"（Lean Thinking for Individuals and Small Teams），意思是说，个人看板是基于精益思想的一种看板的运用，它除了供个人运用于生活和工作，也可以拿来运用于小团队的开发上。

一个人的项目开发可以称为"**类项目管理**"，运用个人看板可以协助你厘清方向（至于用户**故事**的规划，我建议使用"**用户故事图谱**"（User Story Mapping）的方式来进行，7-3 节会做说明）。运用个人看板来运作 Scrum 项目开发的短冲工作墙的角色，可以协助你用客观的方式，全面看待任务，不会只被较大事项所产生的问题所牵扯，而把时间都花在同一个地方，形成"局部优化"的现象。

"**类文件**"是一种以实践为主的文件，它是一种视客户的需求来制作开发文件，针对客户有 IT 部门可以进行较完整的验收测试时，这份类文件就是**测试计划**，它包含即将开发的功能的测试案例；而对程序设计师而言，它是拿来迅速唤起回忆的东西，此时它可能是系统架构说明书或是描述开发程序的规格文件。

图 5-24 是一种习惯，我个人写程序时，会习惯先建立如图 5-24 的初始化"目录"，其中的**文件**及**测试**是两个不能省的目录，或许它们是空的（也就是里面没有文件，也没有测试项目），但这两个目录就是不能省掉。有趣的是，这种习惯造成我之后所写的程序，它们从来就没有空过。

图 5-24 任何项目的源码程序一定要有的两个目录

- **文件目录**：提醒自己把程序的功能在这里做简单扼要的描述（写一个系统说明文件）。
- **测试目录**：提醒自己这个程序能做到哪些功能了。

这两份文件的制作时间加起来不会超过 30 分钟，却可以省掉未来花几个小时搜索和浏览才能回忆起来的辛苦工作，我常称它们为"**交接给自己的文件**"，秉持的精神是任何程序都需要有配套文件：

没有任何源代码的程序应该独自存在，而没有文件相伴。

个人看板可以是自己的生活事项记录、未来规划手册或是创意手册，完全看你怎么运用！如果能够养成长期使用它的习惯，则纪律将伴随而来，而纪律肯定会让你的生活更有效率。

精益开发与看板方法

LEAN SOFTWARE DEVELOPMENT:
UNDERSTANDING KANBAN METHOD

第6章

个人看板与生活：让生活与工作相得益彰

一直到今天为止，所有的个人效能管理工具都还是"被动式"的，因此无法主动去修正那些不擅于运用时间的人士，主动提醒他们何时该做些什么？让他们知道自己正在浪费时间，知道该如何生活得更有效率。这意味着，现有的那些号称可以提升效率的工具，对那些真正需要改善时间管理的人而言实际并没有多大功效，因为他们就是不擅于自我管理，没有可能光靠"被动式"的工具就会变得"主动"并很快改善过来呢？

半自动的效能管理工具

今天的"看板方法"之所以在美国那么受欢迎，原因就在于它可以搭配各式各样的工具，将流程控制很有效率地自动融入到其中，形成一种"半自动式"的控制行为，让用户能够通过"可视化的形式"了解自己的工作。例如大部分电子看板都已经做到有异动时就进行电子邮件通知的动作，因此可以借助电子邮件的通知来做到主动告知或提醒的行为；这一点可以协助我们不至于忽略那些容易被遗忘的工作事项，还有提升被动性较高且容易丢三落四的人。有趣的是，弄清楚自己在做什么是"知难行易"，而知道后是否能修正过来就变成"知易行难"了。

如果你问我："搭捷运时滑手机到底是对还是错的？"我会回答：**"由精益的观念为出发点来评估，只要是进行增值的工作，就是好的。"**如果你运用等车的时间来解读个人看板，通过改善工作流程以换取生活的改善。我一定会给你掌声鼓励。

个人看板只要运用二个步骤，就可以让我们看见自己把时间都用在什么事情上面了！如果想改善它，可以好好运用这些看得见的信息，试着调整半成品（WIP）的数目，让工作流程跟着改变，也就是开始管理自己的生活流程，然后分析改变结果，找出缺陷再加以改进，生活自然而然会变得越来越好，效率也得以进一步提升，现在就开始行动吧！

6-1　开始使用看板

"看得见"！首先要让自己"看得见"自己正在做的事。所谓的"知其然，知其所以然"，意思是知道事物的表面现象，也知道事物的本质及其之所以产生的原因，因此把自己一天的重要工作记录下来，是"看得见"的第一个步骤。

第一步：可视化工作流程

从任务清单（To-Do List）开始。首先，记录下一天的工作事项与进行这些工作所花的时间，然后试着用 A、B、C、D 给出一个重要程度的比重，最后再客观地给执行后所得到的结果 A、B、C、D 的评比。通过比重的设定可以知道自己分配工作的好坏，通过评比可以认清自己究竟做得如此。

图 6-1 中，"箭头向上"表示**增值**的工作事项，"箭头向下"表示是**浪费**的事项。依据精益的原则（消除浪费），我们应该减少浪费并尽量多做那些增值的工作，因此，工作事项 4、5、10、12 这四个应该消除，但是其中一些事情很明显属于社交活动，例如工作事项 4 及 5 都是属于社交类的行为，一种不能省去的人事互动，与其说它是浪费还不如说是投资或是助人（助人为快乐之本，绝对不是浪费），消除它是不符合实际的行为，但是我们可以用减少时数或是增加效益（改善评比）来进行改善。

增值	重要	评比	
⬆	-	B	1.晨骑50分钟20公里(比昨天慢3分钟)
⬆	A	A	2.Coding30分钟(继续写完的程序)，完成，待集成到主程序。
⬆	A	B	3.Email:浏览、处理邮件30分钟。
⬇	B	D	4.FaceBook、Line沟通事务50分钟。
⬇	C	C	5.午餐汇报1.5小时。
⬆	A	B	6.会议(项目沟通、任务分配)1小时。
⬆	-	B	7.聊天、打瞌睡30分钟。
⬆	B	A	8.Email:浏览、处理邮件30分钟。
⬆	A	C	9.Coding30分钟(没写完程序)。
⬇	-		10.聊天20分钟。
⬆	A	B	11.Email:浏览、处理邮件30分钟。
⬇	B		12.观看电视：1小时。
⬆	A	A	13.准备演讲50分钟(做完一段PPT)。

图 6-1　一天的工作事项（增值：箭头向上，浪费：箭头向下）

一个简单的列表可以让我们看见自己在一天中所进行的工作事项。虽然我们分析了一下标记着浪费的事项，但请先不要进行任何改善的措施，因为执行个人看板的第一个步骤还没有完成，接下来要把这个工作的流程映射到个人看板墙上才算完成。怎么做呢？我们可以从任务清单加入状态开始。

　　在现实生活中，我们很少能够一整天只专注于一件事情，即便我们想这么做，但是干扰就是能够找到机会乘虚而入，破坏我们正在专注的工作，逼得我们必须同时间抽出精力来处理另外的突如其来的事情。此时工作清单（To do list）便很难用来处理这样的状态，解决之道是帮它加入状态，让单纯的工作清单摇身一变成为工作看板，让原本列表式的清单成为可以横向扩充的流程记录。图6-2中的工作看板会瞬间让你觉得好像能轻松控制调配所有的工作事项。这是流程上一道一道关卡所给人的印象，也就是在进入下一道关卡之前我们好像就不用担心之后的工作，只要专心把眼前的关卡做好就行，这便是分段处理事情的好处，让我们可以更专注于眼前的流程，适当缩小了工作的范畴，换来的自然是处事更有把握的感觉。图6-2中，我们除了原本的待办工作事项字段，加入了开始工作的"**工作中**"字段以及事情做完之后的"**完成**"二个字段。同时也把各个工作事项依种类用颜色区分开来。

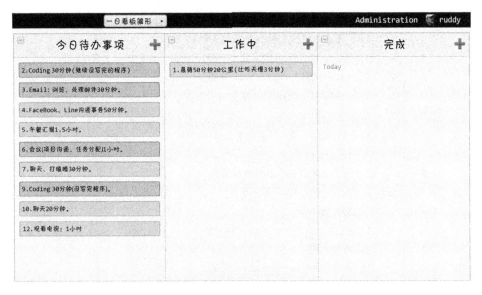

图 6-2　将工作事项映射到看板上

- 工作事项 1、7 是对健康有益的工作，需要持之以恒。
- 工作事项 4、5、10、12 是没有增值效益的工作，视为浪费的事项，应该消除或减少。

- 工作事项 2、3、6、9、13 是正面的，有增值效益的工作，值得增加权重。

采用精益的态度来面对一天的工作。以生活就是"产生价值"为出发点，因此第一个判断的要素当然是"增值与否"了，不是增值的工作项目当然就可把它视为是"浪费"！也就是用"是否是浪费"来衡量应该多做、减量或是消除这类工作。再来是"学习"，从自己完成的工作事项中反问自己学到了什么？学到经验才是重点。（在精益原则中，浪费与学习是最显而易见的两个效率改善的原则）

第二步：限定半成品（Work In Process）数目

在看板的字段上设定该字段可以同时存在的最大工作项目数量，这个动作称为设定半成品（WIP）的额度，为什么这么做呢？是为了追求看板的最大产出率！有两个理论可以协助我们制定这个 WIP 的数目，一个是用来追求最大产出率的利特尔法则，另一个是"多任务是不好的"（Multitasking is evil）。

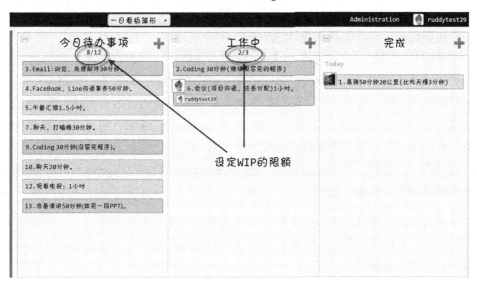

图 6-3　设定 WIP 限额

第一个字段"**今日待办事项**"的 WIP 值设定为 12，意思是这个字段最多只能接受 12 个工作项目，也就是我们设定一天最多只完成 12 个工作事项。

第二个字段"**工作中**"设定的 WIP 值为 3,意思是这个字段最多只能接受 3 个工作项目,也就是我们设定最多只能同时有三件事在进行中。

第三个字段"**完成**"没有设定限额,因为它的后面已经没有字段需要拉动了。但是有时候设定限额可以提醒你该做检讨动作了。

在给生活事项设限的时候,我学到一件事,就是设法"模块化"这些事项。可以说这种模块化的动作是抽象化的措施,是的,它就是将生活事项做"归类",这种适度的整理会使整个工作事项变得清楚许多。例如上班途中所进行的动作,包括搭捷运、换乘公交车、买早餐等细项,可以总括成"**上班途中.搭捷运**"或"**上班途中.买早餐**",然后用"**上班途中**"统一表示它们。但这个细项最后我还是把它删除了,因为我想把分析重点集中于主要的、可控制的工作事项上。

6-2 生活与效能

你想要什么?你做了什么来达成它?

这是因果的两面。运用精益(Lean)的精神来看待这件事情,就是你做的工作事项对想达成的事情而言,有帮助的就是正面、增值的动作;反过来,如果是没有帮助的或是负面的,就可以称之为"浪费",而善用消除浪费的方法可以增加我们达成目的的成功率,也就是增进了我们的效能!个人看板不是记账本,它记录的是我们生活中所花掉的流程与时间,想要增进效能就必须找出浪费,然后设法削减浪费。更棒的是,通过产出的数据,也就是**累积流程图**(Cumulative Flow Diagram),可以协助我们分析自己的工作效能,进而尝试修正它。

传统的时间管理观念是:只要提高工作效率,你便能掌控生活,从而内心感觉平和,而且会有成就感。但是,效能并不能为你换来满足感的,人生也不见得会因产能的增加而变得更美好。

——史蒂芬·柯维《要事第一》

6-2-1 消除浪费

事情做到一半被中断——培养短时间集中精神的能力。

"多任务"是造成效能不彰的杀手，偏偏人类却是最容易同时接受多样信息干扰的动物。凡是声音、光线都是不受约束的物质，它们常常不请自来，在你需要集中精神处理事务的时候，有了它们的干扰就常常造成事情做到一半被中断的情形。要知道，"中断"是制造缺陷最佳的催生剂，当你专心在处理一件工作时，一旦遭遇中断，所损失的往往不只是工作的进度，通常还要赔上工作内容的缺陷（Bug），这是多任务的后遗症，也是我们最不想遇到的。但是如何避免呢？

佛家会告诉你要"净空"，对于外界的事物尽量不要接触，干扰就会降低。但是这种做法太消极了，若是运用精益的敏捷精神来探讨的话，就是能够培养"短时间"集中精神的能力，这才是良方。当我们处在一种不可能不受干扰的情形下，一种较好的处理方式，是将需要集中精神工作的模式切割成一小段一小段较短的时间，让自己在这个较短的时间内不受干扰，并在完成后放松自己，让精神紧绷的情绪缓和下来，通过短时间的休息而能够再次集中精神处理下一个需要集中精神的工作，或接续上一个工作继续做完。

有许多做法与理论可以在这方面来协助我们，市面上也有不少这样的工具，例如番茄工作法就是这方面的利器。它将集中精神的片段时间视为一个"番茄钟"的时间，其默认值为 25 分钟，并在处理过一个番茄钟的时间后休息 3 到 5 分钟，然后在持续几个番茄钟的时间之后做一段较长时间的休息。这种间歇性的循环有效极了，若是你还没有试过，请务必试试看，它对集中精神有着优良的成效。但在专注的番茄钟时间内，请记得带起耳机或竖起标志旗来告诉周遭的人"请勿打扰，正在执行番茄钟"！

让社群网络成为效能的推手，而非负面的时间消耗

完全不受外界的干扰固然可以使自己的工作效率得以提升，但很不幸的是，有太多事情都是需要通过人与人之间的协作才能完成，这个时候与他人合作的交互模式便成为另一个影响效能的重要因素。在脸谱、微博和微信这类通信软件如此兴盛的时代，善用它们使其成为提升个人效能的好工具。

为特定事物或目标成立社群来提升效能是非常有效的一种做法，小范围统一运作的方式是网络社团运作最成功的地方。注意，设定**目标的范围、开始**及**结束的时间**是这类社团必须要做的限制，如果不明确化，很容易流入其他非原本所设定的情境而容易变调或脱序。

决定想要什么，然后下定决心用什么来换

个人看板可以看出你的生活方向。运用看板上的信息加上记录，一个月之后便可以依稀看出你的生活方向，接着就可以拿它与预期要达成的目标做比较，决定修正生活方向，还是更改想要达到的目标。

运用精益的精神来探讨，你应该尽可能减少在非既定方向上的浪费，逐渐加重可以早日达成目标的工作事项的比例。另外则是增强学习能力，加强能力使自己可以达到目标是另一个常常需要思考的地方。

6-2-2　梦想与目标

人们花太多时间，试图找到执行平凡目标的方法。

——马克·墨菲（Mark Murphy）[1]

因为人们总是不经意地把梦想当成目标，完全不去思考自己现在的立足点，用一种不切实际的崇高理想去做事，目标自然很难达成了！我的建议是，让梦想化成多个目标而不是一个，让目标成为一个一个可以征服的山峰，然后才可能计划如何达成这个目标。一旦有了计划与既定的策略，机会便应运而生，自然就有达成的时候，然后通过一个一个目标的达成，梦想才可能成真。**所以一切应该从计划开始，在个人看板上明确标出目标（墨菲强调指出内心渴望是达成目标的第一要务）。**

---

[1] 《目标设定管理：心想事成的 4 个秘密》（*Hard Goals：The Secret to Getting From Where You Are to Where You Want to be*）一书的作者，他是美国领导管理咨询顾问公司领导智商（Leadership IQ）的创办人暨执行长，从事目标设定与领导力培训。

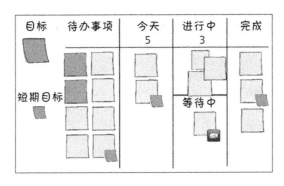

图 6-4　标出中期和、短期目标

你是怎么做到的？跟谁一起做的？

同心协力才是王道。在好莱坞的电影里充满着各式各样的英雄，他们总是能够上天入海、无所不能地达成使命，而且最后还都能全身而退，让人崇拜不已。但我们都知道，是团队的努力才可能获得最终的结果，而男主角只是幕前的功臣，幕后还有许多工作伙伴，他们工作的前置时间可能是男主角的 N 倍之多，但始终位居幕后根本没有人记得他/她是谁。这一点在反映现实与电影之间的真实事件"凌晨密令"（Zero Dark Thirty）里就可以清楚地反映出来，这个描述美军海豹六队将本·拉登击毙的故事，幕后的功臣是美国中央情报局女探员玛雅花费 12 年时间寻找本·拉登，探员们花费数年努力寻找一位名叫阿布·艾哈迈德（真名为赛义德）的拉登天堂信差，从他的下落确认拉登的藏身之所，最终海豹六队将本·拉登击毙。

让完成字段更加完美

我们经常需要别人的协助，就好比别人经常需要我们的协助一般，有时是鼎力相助，有时又只是轻推一把，这些功成名就后的感谢，都应该在"完成字段"中回顾，回顾之后将他们从"完成字段"中清除掉，并将记录收藏起来。

在真实世界里重复的事项总是不断在发生，运用精益的精神来审视，你会发现**巧干（Work Smart）是一件非常重要的事，它可以让我们减少重复的工作（重复是一种浪费）**；而即使是重复的工作，我们也能够进行得更有效率，这就是学习的可贵，我们通过经验的反馈，学习后进行改善的行为，减少浪费也增加了我们的能力。这种动作是我们通过看板上显示的信息，然后进行持续改善的典型行为模式，它值得一再二再地重复，这种重复让我们的生活更精益，它正是高德拉特约束理论"五步聚焦法"[①]的持续改善原理。

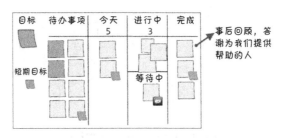

图 6-5　在"完成字段"中进行回顾

接下来要做什么？持续改善看板

你完成了什么？哪些是你尚未完成的。在**待办事项**字段里列着长长的待办工作，到底该从哪里开始呢？可以运用更改字段的技巧，适当拉出一个**"准备字段"**来解决这个问题，同时又可以让注意力集中在准备进行的工作事项上，而不是一大堆不容易聚焦的待办事项。

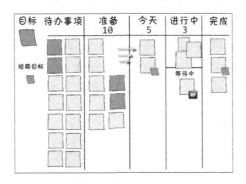

图 6-6　增加"准备字段"

---

① "约束理论"（Theory of Constraints，TOC）是以色列物理学家和企业管理顾问伊利雅胡·高德拉特（Eliyahu Goldratt）所发展出来的一种全方面管理哲学，"五步聚焦法"为第一步"识别"：找出企业的限制因素；第二步"挖尽"：最大限度地挖掘和利用限制因素的能力；第三步"迁就"：让其他一切因素配合改善限制因素的活动；第四步"松绑"：对限制因素进行扩展与提升；第五步"回头"：如果通过上述步骤，限制因素得到突破，返回第一步。

这一类运用增加字段来改善流程的做法，我们称为"缓冲字段"（Buffering）的设计方法，它的最大目的是保持流程的畅通，避免过度的工作项目产出，因此我们需要多一层准备字段，让我们可以较容易将重点放在急需做的工作项目上。

"可视化"（Visualize）的意思很多，例如意识到、想象到也是一种可视化。看板方法强调要先"可视化"，是指先知道自己现在的生活流程，这便是所谓"知其所以然"，在知道自己的立足点之后才可能看到生活的方向是不是按照自己预定的方向前进，才好决定接下来该做什么。

设定 WIP 的限额

你做事情的速度如何？是什么原因造成的瓶颈？是什么让你的工作速度快不起来？这不是容易回答的问题，对于制造业的生产线而言，**利特尔法则**可以清楚描述出是半成品（WIP）数设定太大，还是开发周期（Cycle time）过长；但针对个人看板而言，除了这两个参数之外，个人的情绪可能是一个相当关键的因子。

看板方法是一个很特别的软件管理方法，因为它很容易激起人在情绪上的变化。这一点很有意思，如果你想让自己紧张起来，就尝试在可能造成流程瓶颈的地方设定一个较小的 WIP 限额，这样的设定是不是就必须战战兢兢一直把注意力放在这个点上面？因为一不小心流程就会卡在这里；一旦卡住，与它有关的上下游厂商（工作事项）就得乖乖在一旁耐心等候，一直到瓶颈消除以后工作流程才能再继续流动，看板也才能正常运作。

你会着急的！如果你一直没法做想做的事，只能在一旁痴痴地干等，你会开始着急的，严重一点更会气急败坏，那是常常会发生的情形（因此我们常常在调整 WIP 值的时候，以开玩笑的口吻询问相关人员老板的心脏够不够强？请注意，这可不是说笑话喔！一旦生产工作被卡住了，没有不跳脚的老板）。

必须事前先进行说明。在进行 WIP 调整之前，先行沟通是不能避免的，必须看准哪些人是最大的关系人，先对这些相关人员进行事前的安抚，化解愤怒、缓和性急、消除紧张、革除悲观、排遣厌倦。话虽如此，但是在看板前看到工作流程受阻的状态时还是免不了情绪起伏的，此时正是激发改进措施的机会，把握它就会自然而然获得改善的灵感。这一点正是看板神奇的地方，它是一个及时调整并快速获得改善的机制，因此如果我们可以再把人性考虑进来，就更能事半功倍，但请记得务必"对事不对人"。

为何流程进行得不顺畅

"提问"是一个发掘问题的好方法。是什么时候？为了什么而造成拖延的？

为何事情都没依照事前所拟定的计划来执行呢？是哪里出问题了？我们来看一个范例，图6-7是我的创意看板，因为担心有时突然想到的好点子会轻易错过，于是就想出了这个个人的创意看板。

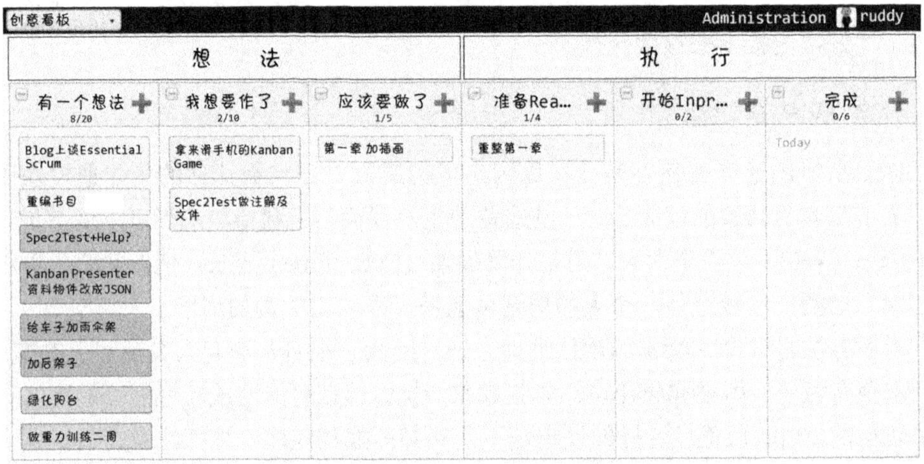

图 6-7　我的创意看板

再来谈一下创意看板。如果只是把创意写下来，则它可能会始终缺乏一点东西，缺少一种驱动它成真的动能，那就是行动状态（创意看板记载着它的状态）。它只有二个大字段，就是"想法字段"和"执行字段"，当初设定的目标是想到什么好点子就随手把它记载在看板上头（担心会被遗忘了），等到有空闲时就可以拿起来执行。我们由右向左来解读它。

- 只有一个工作事项在**准备**次字段里头，没有东西在**开始执行**字段内，这表示还没有产出。
  提问：为何没有任何工作事项在进行呢？这个在**准备字段**内的待进行项目已经放在这里多久时间了？
- 在**想法字段**里头，**有一个想法**次字段内已经放满了工作事项。
  提问：**想法字段**内有三个次字段，有必要有这么多的缓冲区吗？这会是造成执行效能不彰的原因吗？

上面两点所提出的问题几乎就是解答。当我们看着看板然后对着自己发问时，你会很惊讶地发现，看板实际上已经把答案显示（反映）得很清楚了！这是可视化生活和工作事项的优点之一，很多问题的答案都已经写在上面，重点是我们要懂得提问，通过提问来厘清自己所忽略的事情，让思维更清晰、更明确。

找出让自己在意的事

试着想想看，哪些事会让你着急？肯定是你特别在意的事。看板上设定半成品数目的限额，目的是提升效率所做的管制，而流程一旦有所谓的管制，就很容易看出事情在你心中所占的分量。你会一再把焦点放在自己在意的工作事项上，这便反映出你所在意的事。

看到自己在意的事被管制住了，就应该设法改善，改善什么呢？首先要思考的是"这是我在意就能够控制的事吗？"（我们经常会规划出超过自己能力范围所能处理的事）"要适度放宽半成品的限额吗？"（总是要抱着尝试看看的心态，乐观与主动常常可以帮你走出一片天来）"再来考虑是不是要在这里设置缓冲区？"（用缓冲区使流程中断，维持顺畅的工作流动）。

了解自己的能力

你能承诺些什么？在什么情形之下应该说不？看板可以显示出自己能够控制或是不能控制的工作事项，例如必须经常等待其他人的响应之后才能继续做下去的事，有时是等待电子邮件的回复，或是必须面对面的会议结论才能继续做下去的时候，这时候可以选择是进行改善（由等待电子邮件的方式改成用电话回复）还是增加一个等待字段来处理它。

在生活上，过度的承诺与做不到的事情常常会伤及自己周遭的亲人或朋友，因此适当适时地说"不"，往往是一种睿智的表现。这个时候看板墙上的"完成"字段就是提醒你做回顾的最佳时机，那些过度勉强的事或承诺，给他一个标志，记得下次再发生时，直接帮它加上标签，提醒自己做适当的处理。

6-3　个人看板进阶

如果打算拿个人看板来做时间管理，请听我说……

因为传统的时间管理观念认为："通过追求高效能，就更能掌控生活，因而得到更高的成就感，人生自然会更美好。"，所以你就拿个人看板作为时间管理的工具，把用在公司里执行看板方法的那一套用在个人看板上，想要用那种以追求效率为首要目的的观念套用在生活上。这一点正是这个章节所要阐述的，让我告诉你："用在个人身上是行不通的，因为效能并不能为你换来满足感，人生也不见得会因产能的增加而变得更美好。"

效能指标不是生活指标

你对事务的评判来自个人的价值观。要知道，效能指标不是生活指标，你必须试着找出眼前对你最重要的事，然后努力完成，只有这么做才能让你觉得人生更有意义，活着是有价值的！所以我认为个人看板的目的是，让你通过可视化你的生活与工作后，试着运用看板方法来找出生活中最重要的事，排除其他的浪费，多花一些时间在你认为最重要的事情上，试图在方向上及范围上帮助你看清楚，从而改善你的生活。

最重要的是你做了哪些事和为什么做这些事，而不是完成速度的快慢，方向才是重点。

什么才是你生活中最重要的事

把最重要的事视为当务之急是人生的一大课题。我想我们每个人几乎都曾被理想、责任及别人的期许弄得焦头烂额，所以善用时间就成为每天的课题，要在最少浪费的情境下把精力花在最重要的事情上。

"**最重要的事**"应该是多变的，随着年龄和环境的不同，应该持续改变。当我们生病感冒的时候，最想要做的可能是吃冰淇淋或喝冰可乐；牙疼的时候想的是啃着大块牛排。那是一种失去时候才想要得到的心灵满足感，人生的目标则要大多了，它虽然也会改变但大方向是一致的，因此运用个人看板的一个课题就是要把方向弄对。

做你最想做的事 VS. 做必须要做的事

运用个人看板你可以通过可视化所有的工作事项，看到你"最想做的事"一直停留在原地不动（blocked），而"必须要做的事"却一样一样被消化掉，这个时候你便可以决定是要继续妥协呢？还是断然把它排进工作流程中？此时的"人生方向"就是看板方法所追求的最高产能，没必要考虑太多，直接排进来做就是。唯一要注意的是，若出现流程状况不顺畅，请记得立刻做检讨，再进行调整。没必要犹豫不前，因为它们都是浪费，应该要消除。

站在看板前面的简单规则：更新、解读、提问、调整。

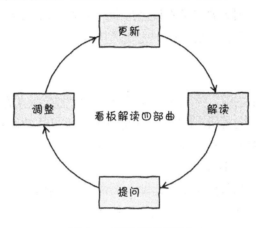

图 6-8　看板解读四部曲

6-4　结论

在这个个人移动设备日益普及的年代，不论坐车、等车或是走在路上，随时随地都有人在滑手机或看平板，如果你能善用这些电子设备，生活效能必定可以大大改善。这是本章的目的，请在有空闲滑手机的时候，通过电子看板，更新运作你的个人看板系统，分析你的生活及你的工作方向，看看它们是否都一如你的预期，高效地迈向你既定的目标，并让半自动化的电子看板时时提醒你容易忽略的生活纪律，消除生活上的惰性，迈向更精益化的生活。

开始使用看板

个人看板运用二个步骤，让我们看见自己把时间都用在什么事情上了。

- **第一步：可视化工作流程。** 首先用工作事项列表（To-Do List）的方式记录下一天的工作事项，与进行这些工作时所花的时间，然后试着用 A、B、C、D 给出一个重要性的比重，最后再客观地给执行后所得到的结果 A、B、C、D 的评比。最后再替这个列表加上流程状态，进化成一个工作看板。

- **第二步：限定半成品（Work In Process）数目。** 在看板的字段上设定该字段可以同时存在的最大工作项目数，这个动作称为设定 WIP 的额度。为什么这么做呢？因为要追求看板的最大产出率，因为要在受到干扰而中断正在进行的工作之后，还能够回到先前的轨道上。

看板与生活

将个人看板运用于生活，便成为拿来记录、分析生活内容的生活顾问，你可以发觉哪些事情呢？（或许这个生活顾问未来可以通过手机的智能系统 Cortana 或 Siri 的解读，直接用对谈的方式提醒你注意下列事情）

- 哪些事情做到一半被中断。
- 让社群网络成为效能推手，而非负面的时间消耗。
- 决定你想要什么，然后下定决心用什么来换取它！
- 你是怎么做到的，跟谁一起做的？
- 接下来要做什么？
- 设定 WIP 的限额。你做事情的速度如何？是什么原因造成的瓶颈？
- 为何流程进行得不顺畅？
- 找出自己在意的事。
- 了解自己的能力。

传统的时间管理观念认为："通过追求高效能，就更能掌控生活，因而得到更高的成就感，人生自然会更美好"。个人看板当然可以拿来追求高效能，但是效能并不能为你换来满足感，人生也不见得会因产能的增加而变得更美好。运用个人看板是用来协助分析修正你的生活方式，让自己更清楚自己的人生目标，这才是它最令人称道的功能。

在这个信息爆炸的年代，请善用手上的电子设备，让它成为记录、分析和修正生活的工具，并让个人看板来协助完成它。请记住，持续改善才是看板方法最终的精神，在使用个人看板上有相当多的技巧，请持续积累这些经验，让它**看得见**的属性协助你生活得更好。

精益开发
与
看板方法

LEAN SOFTWARE DEVELOPMENT:
UNDERSTANDING KANBAN METHOD

第 7 章

预测未来：减少变异性，增加可预测度

本章是献给主管们的。在我们每天努力的工作中，即便事前已经花了那么多时间开会、做计划、讨论及协调，但事情却往往还是表现得差强人意，到底怎么做才能表现得更好呢？采用"看板方法"，尝试将丰田传奇的成功经验分享到软件的运用上，可以吗？"看板"是制造业的东西，而制造业是从事制造、组装的，进行的是稳定不变的自动化制造链，但软件开发却是知识工作者的创意结晶，二者之间的差异实在太大了，该如何来调适呢？本章试着采用休哈特[①]的"变异性理论"，针对"内部变异性"——（用户故事的工作粒度及工作项目的分类）以及"外部变异性"（需求的捕获及急迫需求的处理）来进行深入探讨。

预测未来与系统思考

大家都想预测未来，其实我们也经常在预测未来。多年以前我在学校里曾经修过一门课程叫"未来学"，它对未来的定义是指研究三年以后的事情才能称为"未来"，一两年都还称不上是未来，要再加上**最近的未来**或是**可以控制的未来**来称呼它。而这里我们要探讨的是两年以内可以控制的事情，也就是未来学所谓的**最近的未来**的预测。比如工程师常常被主管发问："麻烦你估算看看，这个工作要多少时间可以完成？"然后我们"用心"回答一个概估的数据，老实说我们是在预测未来（其实只是一种猜测）。

基本上我们是用"猜测"的方式在预测未来。还记得在传统的项目开发里，项目经理对开发的工程师一个一个询问完成开发工作需要的时间，接着再把他们所给的数据加总起来得到一个较大的数据（通常要再乘上一个 1.5 或 2 的安全倍数），然后开始拟定对整个项目进行整体预估的工作计划，最后终于得到一个数字与一个粗略的项目开发途径。这也是在预测未来，基本上，这些动作都是运用猜测的方式在预测未来。

如果我们计划得够详细，是不是就能估算得很准确呢？答案是否定的，因为变异性是难以预期的，而你实在很难详尽地把所有影响因子都考虑进去，因此要准确预测一件事情的未来十分困难，因为有太多因素会造成变化，我们就称为**"变异性"**（Variability）。休哈特将变异性区分成"外部变异性"与"内部变异性"，拿来运

---

① 沃特·A.休哈特（Walter A. Shewhtar）是现代质量管理的奠基者，美国工程师、统计学家、管理咨询顾问，被人们尊称为"统计质量控制"（SQC）之父。

用于软件开发上，可以控制的软件开发过程与项目管理可以归类为内部的变异性，而外部的变异性就好比客户的需求或是市场的变化等等（当然"上帝的行为"（Acts of God）也属于外部的变异性）。我们从哪里开始呢？

由彼得·圣吉（Peter M. Senge）所著的《第五项修炼》所描述的第五项修炼"**系统思考**"开始。我们先来参考前人的努力成果，有哪些组织管理的变异是我们在进行估算时可以多加考虑的，随后再进入项目开发的预测范围，并试着用精益思维来考虑。

7-1 系统思考

图 7-1 所示的"戴明环"（Deming cycle）是管理学中的一个通用模型，最早由休哈特（Walter A. Shewhart）于 1930 年构想，后来被美国质量管理专家戴明（Edwards Deming）博士在 1950 年再度挖掘出来，并加以广泛宣传并运用于持续改善产品质量的过程中。

- **计划**（P）阶段：确立要解决的问题或所要实现的目标，并提出实现目标的措施或方法。
- **执行**（D）阶段：贯彻落实上述措施和方法。
- **检查**（C）阶段：对照计划方案，检查贯彻落实的情况和效果，及时发现问题和总结经验。
- **处理**（A）阶段：把成功的经验加以肯定，变成"标准"，分析失败的原因，吸取教训。

图 7-1 戴明环，简称 PDCA

PDCA 循环既适用于解决企业整体的问题，又适用于解决企业各部门的问题，也适用于解决团队或个人的问题。它是全面质量管理所应遵循的科学程序，而全面质量管理活动的全部过程，就是质量计划的制订和组织实现的过程，这个过程就是按照 PDCA 循环不停周而复始地运转的。

戴明环是大部分组织行之有年的措施，只是我们往往会忘记"持续改善"这一步，忘了系统是"动态"的，总以为有银弹①就解决了；软件的敏捷思维（运用短开发周期、小增量的趋近方式），正是针对动态系统的变因（也就是不持久性）而来的。

项目来不及时，增加人手便可以解决

这是错误的决策，只是仍然有太多 IT 部门的主管会轻易有"相信有银弹"这种错误想法。项目来不及时，应该先坐下来把原因弄清楚，**先找出造成项目来不及的变异性在哪里，这才是正确的措施**；增加人手只会先增加开发的时程，因为新人需要学习才能上手，而学习必须要有人教才行，把人力资源拿出来做教学，当然只会让开发工作变得更慢。这是 40 多年前的《人月神话》一书中布鲁克斯已经讲得很清楚的故事，但是读过这本书的人往往还是忽略了"**先找出造成项目来不及的变异性根源**"这句话。举例来说：

动态系统（dynamic system）非常微妙，只有当我们扩大时空范围深入思考时，才有可能辨识它整体运作的微妙特性，如果不能洞悉它的微妙法则，那么置身其中处理问题时，往往不断受其愚弄而不自知。例如《第五项修炼》一书中第 3 章里谈到的"啤酒游戏"②究竟是谁的错？人们为了维持一定库存就很容易超量订购，结果是

---

① "没有银弹"（No Silver Bullet — Essence and Accidents of Software Engineering）是 IBM 大型计算机之父布鲁克斯所发表一篇关于软件工程的经典论文，原先是在 1986 年都柏林 IFIP 研讨会的一篇受邀论文，来年电机电子工程师学会的期刊《计算机》（*Computer*）也转载了这篇文章，他们用《伦敦狼人》（*The Werewolf of London*）之类的几类电影剧照进行说明，还加上了一段"终结狼人"的附注，用来引出非银弹则不能成功的（现代）传说，后来收录在他的成名作《人月神话》中。

② 类似于《大富翁》的桌面游戏，它让我们模拟供应链从上、中、下游的运作形态，角色大概分为工厂、经销商、批发商、零售商。

不管怎么努力，最终还是大家一起看着累积下来的庞大库存。它想说的是**系统思考**（System thinking）的第一项原理：**结构影响行为**，也就是说，我们因为没看见结构是怎样运作的，而只是一直认为自己不得不这么做，所以就决定去做了，这是一种"见树不见林"的盲目决策。要解决这一点，必须学会如何看到系统的全貌，不要轻易陷入局部思考的疏失，这正是精益思维的"着眼整体、避免局部优化"原理。要避免类似"啤酒游戏"这种局部思考的盲目决策，而受到恶性循环的牵动，唯有扩大思考的范围才能够跳离这种迷失。（看见结构是看板方法教我们的第一个执行步骤，它的用处多多，绝对不只限于看板方法的范围）

啤酒游戏

· 1960年代，MIT的斯隆管理学院所提出的上万次
　实验结果显示……

· 情人啤酒

说明个体思考往往有见树不见林的盲点，
会导致整个系统崩溃

图 7-2　啤酒游戏

对症下药避免舍本逐末

系统动力学权威福瑞斯特（Jay Forrester）[①]曾说"公司内部基于已知策略的计算器模型，通常能预测公司一直面临的那些难题"。他指出，为了解决某一问题而制定的策略，通常会使问题更加严重，从而形成一种恶性循环，而管理者却不自知，反而更加用力执行这些引发问题的策略。我们来印证一下，当组织在软件开发过程遇到问题时，往往会强制推行某种更加规范的过程，这一过程通常会采用更加严格的顺序处

---

① 系统动力学创立于 1956 年，起源于美国麻省理工学院杰伊·福瑞斯特（Jay W. Forrester）教授
　的名著《工业动力学》。

理方法，例如要求更加完整的文件需求，更加谨慎地控制需求的变更，更加小心严格地追踪程序代码的变更……。这些策略初期看来都能够使情况好转，但**系统思考**提醒我们，仅仅是情况得到好转并不意味着已经做到对症下药了。在不断演变的环境中，这种更加严格的顺序处理方法通常只是延迟问题的恶化，只是治标未必能治本，因为系统是"动态"的，而顺序性的处理方法只能处理好"静态"的问题。

系统思考的基本模式①之一所谓的**成长上限**（Limits to Growth），意思是说即使某一过程能产生预期的效果，也会产生某种副作用，从而抵消所取得的成果，并最终减缓成功的到来。因此真正该做的是查明并消除成长的限制，而不是推动增长。查明和消除成长限制正是**限制理论**（TOC）的基本教义，请参考第 1 章**限制理论**的说明。

很多组织都忽略了，当问题因为采用新策略而消失之后，这个新策略反而成为今天系统的限制。前面这个现象引出了**系统思考**的另一个模式**舍本逐末**（Shifting the Burden），也就是遇到问题并没有对症下药，只是忙于应付问题，看起来是解决了问题，但是实际上是让问题更难被察觉，反而造成未来更严重的问题。这一点，精益思想采用"5 个为什么"的做法来阻止发生**舍本逐末**的现象。

例如，我们试着运用 5 个为什么来找出缺陷（bug）太多的真正原因？

提问

- 为什么会出现这些缺陷？处理方法是运用新模块来解决它。
- 为什么新模块会造成其他的缺陷？原因是新模块尚未经过测试，因此有缺陷。
- 为什么没有对新模块进行测试？因为开发人员急着写程序，所以没有对新模块做测试。
- 为什么开发人员会急着写程序呢？因为有人认为大家在有期限压力下能表现得更好。

---

① 《第五项修练》一书中提出的系统基本模式种类（Systems Archetypes）：反应迟缓的调节环路（Balancing Loop with Time Delay）、成长上限（Limits to Growth）、舍本逐末（Shifting the Burden）、目标侵蚀（Eroding Goals）、恶性竞争（Escalation）、富者愈富（Success to the Successful）、共同悲剧（Tragedy of the Commons）、饮鸩止渴（Fixes and Fail）、成长与投资不足（Growth and Underinvestment）。

还有最后一个为什么最重要，能看出真正的问题。

- 为什么设定严格的期限是必要的？因为担心开发工作会延迟，所以提前了期限。这造成工程师无法正常进行开发而一直在不合理的期限压力下工作，这样一来，产品当然容易出问题了。

由询问自己"5 个为什么"来找出问题真正的原因，以阻止发生"**舍本逐末**"的现象。

7-2 内部变异

"内部变异"所指的是工作流程在运行时系统内部的可控制变异。在看板方法中，将整个系统视为一个处理过程，这个过程通过一组策略定义来管理系统的运行方式，团队、成员或是管理者的表现都会直接影响这些策略的运行方式与效能，因此策略的变更，直接影响着过程中我们所看到的各种平均值、范围和分布的状态（由数据记录及累积流程图）。

我们来看一个相当有意思的例子，电影《点球成金》（*Money ball*），台译《魔球》）是 2011 年一部以美国棒球大联盟为题材的剧情片，贝尼特·米勒执导，布拉德·皮特主演，哥伦比亚电影公司负责发行。影片根据迈克尔·刘易斯于 2003 年发表的同名书籍改编而成，讲述奥克兰运动家在球队总经理比利·比恩（布拉德·皮特饰演）的带领下所取得的惊人成绩。它是一个最典型的运用统计数据，用于预测球队队员表现的真实故事，故事是曲折的，当然不是只有用数据就可以描述的，但这些数字却是决策者做决策的重要因素。结果是奥克兰运动家队以连续 20 场胜率打破大联盟 100 多年来的纪录，也颠覆了大联盟长期以来棒球经理人必须依赖资深球探担任顾问才能增加球队的获胜几率。

我们必须承认，棒球运动最适合用统计学做分析的例子了，但是球队运用统计分析的结果作为依据，真正获胜的其实是负责带领球队的棒球经理人，他的正确决策才是导致球队获胜的真正因素，如果我们稍微修正一下策略，则结果可能就大异其趣了！例如大联盟球员的平均打击率在 3 成左右，那是在"三个好球"就会被判定出局的前提下的成绩；如果我们想要球赛比数上升、球员出现 5 成以上打击率的话，可以试着把判定出局数改成"四个好球"才会出局，因为游戏规则变了，所以整个打击率可能就会大幅上升，一些较优秀的打击手可能就会出现 5 成以上的打击率，但球赛进行的时间可能会因此而拉长许多。相反，若是想让比赛早一点结束，则在进行延长赛的时候，攻击方球队可以在 1、2 垒先放上二名球员模拟安打上垒来增加得分的几率，比赛也就可以早一点结束（目前世界少棒赛已经的采取这项措施了）。而以上这些策略都会直接影响到球员的成绩，然后再反映在他们整体表现数据上。整理如下表所示。

目 的	政策措施	预期结果
为了增加比赛的精彩程度，不让低比数过于沉闷的球赛造成观众的流失，故计划提高球员打击率，增加比数来吸引观众进场看球	将出局数由 3 好球改成 4 好球出局	整个打击率可能会大幅上升，一些较优秀的打击手可能就会出现 5 成以上的打击率
减少球赛延长的时间	在进行延长赛的时候，攻击方球队可以先在 1、2 垒放上二名球员，模拟安打上垒来增加得分的几率	可以适当地提高得分几率

团队以一组策略来定义工作的过程，这个过程即代表软件开发的"机会变异"（chance-cause variations）[①]，它会直接受到团队和管理活动的控制，然后反映在策略和过程的改变上。

另一个系统思维是来自精益精神的系统局部优化问题。在越是复杂的系统里，越容易发生这种被部分特殊处理的局部优化管理的现象，它们通常是受到"度量标准"所影响。当公司拟定了某一种数据化的考核制度时，最明显的便是考核比例较重的部分开始被大家重视而造成局部优化的现象。举一个类似的例子，自行车环法传奇里的美国自由车手蓝斯·阿姆斯特朗（Lance Armstrong，1971 年 9 月 18 日），他曾经赢得多届环法总冠军，我们先来看他的成绩（见下表）。

---

① 休哈特定义的"机会变异"（chance-cause variations），指的是因为系统的设计而可能出现的随机性变异。

时　　间	成　　绩
1992 年度	First Union Grand Prix
	GP Sanson
	Longsjo Classic（1 个赛段冠军）
	Thrift Drug Classic
	Tour de Ribera（4 个赛段冠军）
1993 年度	Thrift Drug 经典赛冠军
	Trofeo Laigueglia
	环法自行车赛第 8 赛段冠军
	USPro Championship
	West Virginia Classic　（2 个赛段冠军）
	国际公路自行车赛冠军
1994 年度	Thrift Drug 经典赛冠军
1995 年度	Clasica San Sebastian
	环法自行车赛第 18 赛段冠军
	Tour du Pont（3 个赛段冠军）
	West Virginia Classic（1 个赛段冠军）
	Stage 5 Paris Nice
1996 年度	Tour du Pont（5 个赛段冠军）
	La Flèche Wallonne
1998 年度	Rheinland-Pfalz Rundfahrt
	环卢森堡自行车赛（1 个赛段以及总冠军）
	Cascade Classic
1999 年度	环法自行车赛（4 个赛段以及总冠军）
	Prologue Critérium du Dauphiné Libéré（ITT）
	Route du Sud 第 4 赛段冠军
	Circuit de la Sarthe（ITT）第 4 赛段冠军

　　由这些纪录我们很容易发现，阿姆斯特朗实际上只在比赛中赢得少数几个赛道的冠军，很明显，他是靠总积分来争取到总冠军的，而不是每一站都获得第一！他晓得不应该在每天的比赛里都去跟那些兴致高昂、野心勃勃的年轻人去争单场的冠军，而是适当地取得好的积分，让自己一直维持在积分领先的地位，这样就可以了。

说穿了就是他懂得要"统观全局"，因为环法自行车赛是每年于夏季举行，每次赛期 23 天，平均赛程超过 3500 公里（约 2200 英里），区分为 12 或 13 场的赛事。它是一个以团队为基础的优秀选手之间的较量，一个车队的经理或指导在选拔队员的时候，就确定每个人的分工：每个车队往往有一个有可能拿成绩的**领骑**（leader），剩下的是**勤务**（domestique）兼护航。勤务一般是没有可能拿重要赛段或全赛程名次的，主要是为领骑服务，比如从服务车取水或食物，大部分时间他们为领骑开路。也就是说这是一种团体战的比赛，这一点和一般软件开发十分类似，我们应该以产品的整体性为重，让它符合客户的真正需求，做到了就是好的产品，有好的质量。

看板之父安德森曾说："软件开发和项目管理过程，是以组织的成熟度、团队中成员的能力共同决定内部变异性的数量及变异的程度"。**因此请勿将看板方法视为一种软件开发生命周期（ALM）或项目管理的过程，看板方法是一种变革管理的技术**，当使用这种技术时，要求的是对现有过程进行改变，例如增加 WIP 的限额。如果一直不设定 WIP 值，请鼓起勇气踏出第一步。许多谈论 Scrum 的项目书籍已经将 WIP 设定限额放入工作板制作里，但是太多执行 Scrum 的成员并不了解它的功效，这是管理者的责任，它造成了 Kanban But，即"我们有设定 WIP 限额啊！但它好像没有什么作用？"

如何控制内部变异性

这是本章所要强调的，如何来控制内部的变异性，让产出的记录和累积流程图上的曲线更加平滑，让我们更容易预测未来。我们来看两个重点。

1. 用户故事的工作粒度。
2. 工作项目的类型分类。

1. 用户故事的工作粒度

要将"工作粒度"区分得很均匀几乎是一件不可能的事，"用户故事"的创始人之一蒂姆·麦金农（Tim McKinnon）[①]曾经统计过，在他 2008 年的报告里说明他所运用的用户故事平均需要 1.2 个人天来完成，但基本范围则落在半天到 4 天之间，

---

① 蒂姆在英国主持了一个敏捷实验室（Agile Lab）的博客 http://www.mumbly.co.uk/agile-lab/posts/2011/10/average-length-of-user-stories.html。

而开发人员则是从用户故事开始进行工作规划的，当范围在差异性达到四倍以上的情形下实在很难准确进行预估！因此对内部的变异性而言，用户故事的"工作粒度大小"将严重影响到开发工作，也就是我们的流程工作。

传统的软件开发法将所有用户的需求看成是"一样重要"的工作，这一点造成的问题是在开发工作上不容易提前交付，必须全部完工才能保证产品可以交付使用。但敏捷开发引进"用户故事"来增强需求的沟通，并且针对各个故事进行优先级的排列，在策略上已经成功地把产品的重要项目放在先行开发的行列；运用渐进增量的方式，让用户在每个开发循环后能透明地看到开发进度，一旦产品达到可以交付使用的程度时，用户便可以要求提前上线，开始运用新的软件工作。这一点解决了一般软件产品有超过四成功能是没人使用的浪费问题，但用户故事的粒度仍然是在开发工作无法准确预估的一大隐忧，近年来在这方面的研究上有着几个方面较成功的突破。

用户故事应该够小，以便在一次的开发周期内完成，在周期内没做完的故事就等于失去了价值，也不能视为完成。故事越小其敏捷性和生产力就越高，这便是利特尔法则，看板方法正是运用利特尔法则来追求稳定系统中的最大产出率，此时半成品（WIP）数越少，产出自然越多。图 7-3 是一个批量大小与时间的关系图，明显的小批量可以带来较高的稳定性。

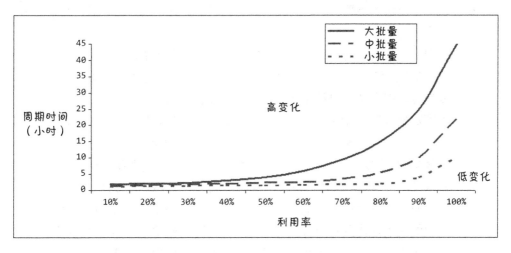

图 7-3　批量与周期的变化关系（取自 Poppendieck 2007）

在看板上头，较小的故事通过流程的速度较快，因此不容易发生阻塞，也降低了复杂性（复杂性与粒度大小是呈非线性的关系的）。图 7-3 中上面的曲线与我们熟知的斐波那契数列（也就是 1、2、3、5、8、13、21、……）有些相似，是的，这正是我们估算故事时采用斐波那契数列的目的，让它们能够有效分离。

知道用户故事越小越好的好处之后，真正该做的便是如何想方设法把大的故事切割变小。在开始切割用户故事之前，必须先晓得 INVEST 规则。

- **独立性**（Independent）：避免与其他故事的依赖性。
- **可谈判性**（Negotiable）：Scrum 中的故事不是开始某事的合约（contract），故事不必太过详细，开发人员可以给出适当的建议。
- **有价值性**（Valueable）： 故事需要体现出对于用户的价值。
- **可估计性**（Estimable）： 故事应可以估计出开发时间。
- **合理的尺寸**（Sized Right）：故事应该尽量小，并且使团队尽量在 1 个 sprint （2 周）中完成。
- **可测试性**（Testable）： 故事应该是可以测试的，最好有接口可以测试和自动化测试。

INVEST 规则这里我们不多做着墨，至于切割用户故事则是当前最受瞩目的地方，这里我们选择较成熟的切割模式来做说明。

- **依工作流程的步骤**：找出达成用户目的所需流程中的步骤，通过增量的方式一步步拆解。
- **依观察业务规则变化**：有些用户故事，乍一看很简单，但是随着进一步的分析，业务规则比直观上看起来更复杂。这种情况下可以考虑按照业务规则的复杂性，把大型用户故事拆分成若干个小的故事。
- **主要次要分界**：有时候，一个用户故事通常可以拆分成多个小的故事，往往其中第一个的实现会耗费较多的力气，而剩余的相对就比较简单了。
- **依简单/复杂场景**：有时候，团队讨论一个故事，故事反而可能会变得越来越复杂，通常是这样发生的："如果这么弄，那 xxx 怎么办？考虑过 xxx 的问题吗？"这是问题复杂化的一个征兆，停下来问问 PO 和大家"**最简单有效的场景是什么？**"把这个简单版本记录下来，作为一个独立的用户故事，接下来再把可能的变量和复杂的场景记在不同的用户故事中。
- **陈列所有数据变化**：数据与资源的变化是另一种带来复杂性的因素，这时候，考虑先建构一个简单的版本，后续再及时补充新的用户故事完善需求。

- **演化输入展示体验**：有时候复杂性更多源自用户界面而非功能需求本身，这时候，可以考虑先拆分一个故事并用最简单的界面实现，接下来再构建比较华丽的界面。

- **降低任务质量要求**：有时候，初步的实现远远没有结束，更加重要而且开销更大的任务往往是让系统更快、更稳定或者更精确或者更易于伸缩。然而，团队可以从实现基础功能的过程中学习到很多东西，而这个基本实现对用户也是有帮助的（如果没有这个功能可能用户都不能完成自己的任务），这时候，可以考虑把大故事依次分解成几个小的。

- **依数据操作定义**：特殊字眼，如"控制"、"管理"等字眼，往往是拆分用户故事的着眼点，这里面一般暗藏着多种操作，可以根据这些操作，把大问题拆分成小故事。

最后补充一个较少被提及但却十分重要的策略：执行穿刺（Spike），它的目的是为了减少开发风险而做开发验证。它有用于"功能验证"用的 Function Spike 及用于"架构验证"的 Technical Spike，都是由团队成员执行穿刺的工作，目的是确定估算是否可以接受，时机点通常也会选在一个迭代完成的展示会议上。

2. 工作项目的类型分类

在区分粒度大小时，我们将所有的用户故事都看成同一类型，也就是单一类型，但大部分较成熟的开发工具，都有多种类型的区分，例如：史诗（epic）或沙粒（grain of sand）等（微软的 Team Foundation Server 将它区成 Epic、Feature 及 User Story）。区分类型可以有效提高可预测性，一个"史诗"的用户故事，可能需要好几个人进行好几周的开发工作；相对的，一个"沙粒型"的工作就明显是一个短、小的故事。

一个典型的 IT 部门里可能有多种类型的工作，这些故事可以再依规模的大小、业务种类或特殊风险再做进一步的划分，当然，通常还会有维护的工作，如缺陷修护、进行重构或重整架构。能做到用户故事分割得越小越细，则可预测性就越高。通过使用种类的区分我们能改变变异性的平均值和分布状态，也相对提升了系统的可预测性，但过度区分在遇到变动时，就必须重新分类与估算，这也会造成浪费。

7-3　外部变异

需求通常都来自于外部，因此我们把它归类为"外部的变异"。当遇到模糊不清的需求或是在定义时就有问题的业务计划时，这种情形往往让团队成员无法进行明确的开发动作，当然也就无法完成项目工作的任务。此时如果任由模糊不清的需求持续模糊下去，项目很快就会面临失败的命运（在我多年的顾问生涯里，经常看到这种情景，通常是上级给一个巨大而笼统的需求，接手重大任务的下属，一时之间完全不知道该从哪里下手，又似乎有太多地方都可以立刻动手去做）。这时正可以依靠"**用户故事图谱**"（User Story Mapping）工具来协助结构化用户故事的构建，它能够相当程度地编列出整个产品的故事架构，是目前最为流行的一种用户故事编写方式。但是它还是有缺点的，当项目范围太大时，由于这时候的用户故事太多太复杂，所以可能很难做异动及维护的工作（做起来累人），当然也就失去了它的价值。

所以当遇到大型项目时，便可以考虑采用大规模用户故事的框架，例如：**大规模敏捷框架**（Scaled Agile Framework，SAFe）[①]是一个讨论需求管理的敏捷方法论，它的目的是协助大型项目在开发过程中提高质量和工作效率。

适合一般中小项目的用户故事图谱（User Story Mapping）

"**用户故事**"（User story）是指在软件开发和项目管理中，用日常语言或商用业务用语所写成的句子，这句子反映了用户或系统用户捕捉到的关于一个用户在其工作职责的范围内所做的或需要做的事务。用户故事在敏捷开发方法中用来定义系统需要提供的功能和实现需求管理，一般以下列格式作为模板：

身为一个<角色>，我想要<活动>，以便<商业价值>

它的特色是以"用户"为出发点，因此如图 7-4 的排列顺序，我们可以从特定角色所拥有的目标，到从事哪些活动，一直到归纳出需要那些任务才能完成，把他们用层次化的方式串联起来。举一个签入画面的测试案例来做说明。

---

① 来自 Scaled Agile Framework 公司，开源的 http://scaledagileframework.com/。

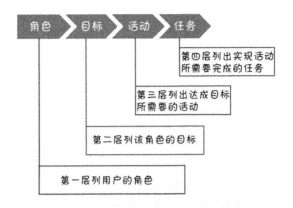

图7-4 依照用户角色排列故事

对照用户故事 User Story Mapping

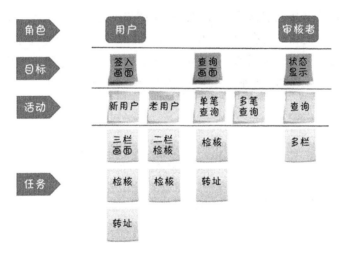

图7-5 签入画面的用户故事对照图

图7-5中，结构化的陈列方式让用户故事显得更容易阅读，画图的方式是先水平后垂直，水平的部分由用户这一层开始（这是很重要的一点，还记得这些故事叫"用户故事"吗？它是我们真正工作的方向，制作对照图最怕迅速被目标所牵引而忽略真正的用户是谁），首先陈列的是与软件产品相关的用户"角色"，然后再依这个角色在操作该软件时的"目标"作为第二层，接着是这个目标所包含的"活动"（Activity）——陈列在第三层，最后才将需要完成这个活动的工作陈述出来。看起来十分简单，

这种层次化的分析动作，可以把原本模糊的需求迅速建构出一个依稀清楚的轮廓，这是拯救模糊需求的一大良方。

再举一个真实的例子做说明。某家跨国企业有一个提供全公司运作的工作流程引擎需要换新，因为旧的引擎已经使用十多年了，它表现的速度与稳定性都已经到了极限，不换实在是不行。工作流程引擎这种属于较底层的嵌入式软件，老实说不是一般的信息部门可以独力完成的工作，但大企业中又有太多的应用软件与之有某种程度的交互动作，恐怕只有定制化才能处理。这种需求的依赖性，让公司不敢直接采用外部拥有完整工作流程供货商的产品，只能考虑外包开发了。可是工作引擎的用户需求要怎么描述呢？这绝对不是几天或是一两个星期就能完成的工作，试问怎么做才能得到所有想要的定制化功能却又能完整掌握工作流程引擎的功能范畴呢？

答案是采用**用户故事图谱**的方式，选择用层级的方式来处理，可以缩短捕捉需求所需的时间，并让团队以层次化的方式进行相同步调的学习[①]。将需求由用户开始以分层次化的方式来处理，当有 20 个用户的种类时，而每个种类有 5～10 个目标，每个目标又可能有 3～5 个活动，每个活动需要 3～5 个任务故事来描述它。这样子的四层结构不但可以让结构清晰，又可以涵盖上千个的用户故事。

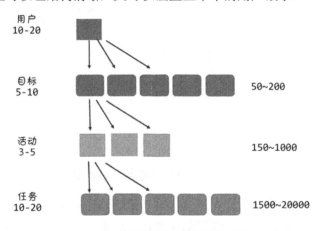

图 7-6　分层设计具有迅速扩展的优点

---

① 在处理大型系统时，一开始需求必然是模糊的，一定要经过一番努力才可能逐渐明朗化，但团队能以共同一致的步调，进行同步学习，可以加快团队开发的效能。

7-4 结论

团队一起站在看板前面进行看板解读的时候，每个人应该有相同的解读吗？答案是：对状态的症结团队成员应该且一定要有一致的解读（但无疑的，每个人对自己最专注的那个部分必定有一份较深入的见解，一种更深入的感觉）。本章的最大目的是，**主管要如何应对看板上的变化？**主管必须"看穿结构"，这是责无旁贷的工作，信任团队，放手让他们处理各自的问题无须多言，但客观的审视流程运作的问题则是主管该负的责任。请跟在画廊里欣赏画作一般，向后退一步来欣赏这个流程，如果只专注于阻塞所造成的损失，那么急切想解决问题的表情会让团队倍感压力，而容易做出一厢情愿的行为，造成效果不彰。

管理者的生活总是忙于应付天天发生的事件和没完没了的活动，因而看不见事件背后的结构和行为变化，"看板"可以帮助我们看清结构与变化状态，帮助我们了解惯用的解决办法为什么无效以及效果较高的杠杆点可能存在于什么地方，让我们得以对症下药（话虽如此，但是目前的看板方法在这方面还有很大的发展空间）。

如何对症下药呢？针对没有所谓的银弹，处理方法是找到问题然后改善它，接着再找下一个问题，持续改善它。图 7-7 中的 PDSA 模型（Plan－Do－Study－Act）是戴明环的改良版，很多主管声称他们很清楚这个道理，但平常的管理事务已经让人喘不过气，哪有精神再去改善呢？况且我们早就在持续改进了，只是步调慢了一些！看板方法正是处理工作过于繁忙的一种解药，尤其是第一个步骤非常重要，就是先让自己看见目前的工作流程，问题只有被看到才有机会得以改善，也就是要先知道时间都去哪儿了，才好对症下药。

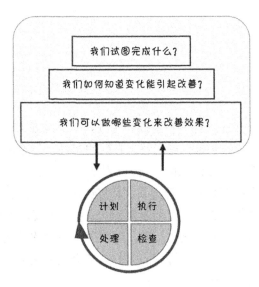

图 7-7　持续改善的 PDSA

　　为什么事情总会与我们计划的不相同呢？休哈特跟我们说，这是根源的变异性所造成的。他将变异性区分成"外部的变异性"与"内部的变异性"，把它映射到软件开发上，内部的变异性可以用用户故事的工作粒度及工作项目的类型来做说明，而外部的变异性则以模糊不清的需求来做讨论，解决之道则是采用**用户故事图谱**（User story mapping）。运用层次化扩充能力，将线性的抽象信息扩充成平面化的阶段抽象，尤其能够解决那些看起来模糊不清的需求。

精益开发与看板方法
LEAN SOFTWARE DEVELOPMENT:
UNDERSTANDING KANBAN METHOD

第8章

持 续 改 进

图 8-1　公元 1975 年，布鲁克斯（Frederick P. Brooks）的项目管理杰作《人月神话》[①]

　　今年（2015）刚好是这本书 40 周年纪念，作者布鲁克斯是 IBM System/360 系统之父。这是一本讲解软件工程和项目管理课题的书，被誉为软件领域的圣经，其中第 16 章重新刊印了他在 1986 年 IFIPS 会议上的一篇论文"没有银弹：软件工程的根本和附属性工作"，这是最受争议的一段论述。另一则是著名的**布鲁克斯法则**："**在一个时程已经落后的软件项目增加人手，只会让它更加落后。**"根据布鲁克斯法则，

---

① Frederick P. Brooks Jr., *The Mythical Man-Month: Essays on Software Engineering, Anniversary Edition, 2nd Edition.*, Addison-Wesley, 1995. 图片来源：http://www.amazon.com/Mythical-Man-Month-Software-Engineering-Anniversary/dp/0201835959/ref=sr_1_1?s=books&ie=UTF8&qid=1425521692&sr=1-1&keywords=The+Mythical+Man-Month。

增加人员到一个已经延误的项目里等于是火上浇油，除非可以把工作区分，让新进人员可以在不影响他人工作的情况下有所贡献。

解决之道是**大家一起坐下来找出真正的问题点，并针对问题点提出解决方法**。但不幸的是一般人都认为问题已经清晰可见，就是需求模糊所造成的，没什么好讨论的，赶紧加派人手来支持！所以问题还是在那里，继续等着下一次再发生吧。(运用制作活文档的方式可以有效提升新人加入的效能，就是将开发的门槛大幅度的下降，让刚加入的新手迅速能够拥有产能，这是开发简单化、标准化的一种做法，它超出了我们的主题，不在此进行讨论。)

针对布鲁克斯法则的解决之道：建议你对所有项目成员做一次"五个为什么①"的询问，问问题可以让问题的本质及解决方法迅速浮现，同时还可以有效地刺激团队的沟通能力。

8-1　看板方法的问题管理

在运作看板时，因为某种原因而产生阻塞时，我们习惯在阻塞的地方贴上一张粉红色的标签，然后写上阻塞的原因。这种行为几乎已经成为大家一致性的通则，若再配合电子看板，在流程产生阻塞时，团队的成员就能立刻自动收到通知并进行追踪直到它消失，这一点对看板的实时性真是一大帮助。

阻塞（blocked）≠ 瓶颈（bottlenecks）

很多人会把**阻塞（blocked）**看成是**瓶颈（bottlenecks）**，因为二者的状态很相似，现象就是流程不能动了，也都必须采取某些措施才能让流程继续动起来。但对于管理

---

① 这种方法最初是由丰田佐吉提出的，后来，丰田汽车公司在发展其完善制造方法学的过程中也采用了此方法，作为丰田生产方式入门课程的组成部分，这个方法成为其中问题求解培训的一项关键内容。丰田生产系统的设计师大野耐一曾经将"五问法"描述为"……丰田科学方法的基础……重复五次，问题的本质及其解决办法随即显而易见"。目前，该方法在丰田之外也得到了广泛采用，例如持续改善法和精益生产法。

而言，**瓶颈**才是真正该重视的问题，它可能是资源受限于产能（capacity-constrained resource）或是非实时可用性资源出了问题。如果是**阻塞**（缺陷 bug 是造成阻塞的一大因素），我们寻求解决的方法是找出到底是什么特殊原因或变异造成流程阻塞；如果是**瓶颈**的话，基本上我们的思考方向就要朝向是不是整体的设计造成这样的限制，或是资源的能力达到上限的限制（工程师的能力不足）来进行考虑，二者之间有着显著的不同不能混淆。

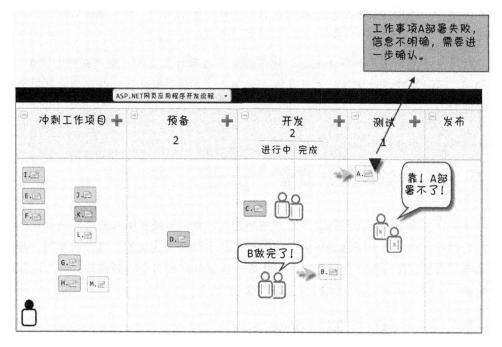

图 8-2　流程受阻塞现象

　　"解决阻塞现象"应该是每日站立会议的首要问题，因此站立会议的第一件事就是要先看有没有粉红色标签，然后必须尽快追根究底，先问是谁在负责解决这个问题？进度如何？需要提升处理的等级吗？如果需要，该由谁来处理？

　　解决瓶颈的处理方式则必须以较全面性的方式来做考虑，先经过尝试，肯定问题的症结所在，然后再来拟定持续改善的方法，这里才是主管该关注的地方！

8-2　运用看板方法自然形成简单的团体规范

敏捷开发一再强调要让团队自我管理，也就是所谓的"自组织团队"。主管应该跟团队一起制定"简单的规范"，然后就可以放手让团队依循这个规范来协同合作进行开发工作；只要成员不逾矩，主管就尽量采取在一旁观察的模式，让团队自动自发自我管理。这是一种公认效能最高的团队管理方式，但难的是即便主管有心这么做，团队成员也愿意配合，但是怎么制定**简单的规范**呢？这个问题几乎普遍存在于所有敏捷开发团队里。

图 8-3　自组织团队，是公认效能最高的团队管理方式

不用担心，采用看板方法自然能够形成这样的简单规范，因为看板方法天生就具有这样的魔力，请慢慢看下去。

从改善质量开始

人们通常都害怕改变，当你用命令的方式去下达规范，希望通过严格的纪律改变他们的行为，反而会降低他们的自信心，因而表现得更被动或是产生反抗的心态。那该怎么做呢？处理团队的问题就该用团队的方式做考虑，答案是先让他们团结起来，先从建立其他团队对这个团队的信任开始，没有比捍卫团队荣誉更能让大家团结起来的方法了。因此，我总是由改善质量（quality）开始，对外，用逐渐改善的质量让其他团队更加尊重自己的成员；对内，用改善质量的做法建立纪律，让团队成员收敛松散的心态。质量是一种很有趣的东西，当你开始注意它的时候，它就已经开始在改善了，当质量开始改善的时候，你会发觉纪律也会跟着建立了起来。因此，第一步关注质量，从改善质量来建立团队纪律是实施"简单规范"的基石。

第一步，关注质量

【对内】
改善质量，增加纪律

【对外】
建立团队的信誉

· 通过改善质量来建立团队纪律是实施"简单规范"的基石。
· 从建立其他团队对该团队的信誉，开始靠质量来赢得信任。

图 8-4　从改善质量开始

提供我习惯的做法给各位做参考，我会规定所有会议的前 3～5 分钟一律做缺陷（Bug）的检视，把缺陷建立成表格随时可以调阅。开会时先由第一大严重缺陷开始问起，是谁负责的？何时解决？有必要提升或降低重要性吗？请让我再强调一次：

质量是一种很有趣的东西，当你开始注意它的时候，它就已经开始在改善了。

团队永远都是繁忙的

如图 8-5 所示，繁忙的团队就好像已经盛满了水的杯子一样，是没有办法再加入任何东西了！必须先把盛满了的杯子空出一些空间来，才可能再往里头加东西。所以在开始进行改革之前，先要设法帮团队找出空闲的时间，怎么做？就是在不影响产能的情况下减少他们的工作。什么是不影响产能的工作呢？"半成品"正是那个不会影响产能的工作，说穿了就是减少"半成品"的数量。

对软件开发而言，半成品就是指那些尚未能做到完成的工作，例如，进行了一半的设计，好比 API 的设计工作，负责写 API 的人与需要调用它来取得服务的人，如果不能协同开发，当一个做好了必须等另一半也完成后才能进行测试工作，则工作就悬在那里，这个悬在那里的工作就叫半成品（Work In Progress）。能够减少进行中的设计工作，对质量的提升也会有所帮助。

图 8-5　盛满了水的杯子，没有办法再加进任何东西

把现行的工作仔细地画下来可能是找出半成品（做一半的工作项目）最好的方式了。因此第二步是画出现有的工作流程，找出现有的、不影响产能的半成品设计工作，然后减少做半成品的设计工作，如此便可以找出空闲的时间来了（在看板方法中，我们称它为"盈余时间"）。

到这里，我想你已经知道我的葫芦里在卖什么膏药了。前面的陈述里，我们引用"当尝试改革时，如何替这个团队建立一套简单的规范"作为需求，而采取的步骤正是建立看板方法的基本步骤。所以实施看板方法基本上就是在建立一套简单的规范，当看板上的工作项目开始流动时，只有当有工作完成被移动出去之后，才会再有新的工作被拖拉进来，这种工作方式就称为"拉动系统"。团队成员在看板墙上自行拖拉更新工作项目的动作，就是一种另类的简单规范，他不需要被命令，完全没有指派工作的工作动作，而是以拉动的方式持续工作流程的进行工作。这是一种实时的工作方式（Just In Time）[①]，具有最佳的效能表现。

让团队自然衍生出简单规范。

---

① 过去曾经疑惑松下是如何做到零库存工作的，我一直以为如果没有库存，等客人来了才开始做，这怎么来得及呢？现在知道了，原来他指的是拉动系统的原理。

- 第一步：关注质量。从改善质量来建立团队纪律是实施"简单规范"的基石。
- 第二步：画出现有的工作流程，找出现有的、不影响产能的半成品设计工作，然后减少做半成品的设计工作，如此便可以找出空闲的时间。这一步其实也就是限制 WIP 的数目。

8-3 没有银弹（No Silver Bullet）

《人月神话》的作者布鲁克斯在论述中强调，由于软件的复杂性本质，使得真正可以一枪射死狼人的"银弹"在软件界并不存在[①]。所谓的"没有银弹"是指，没有任何一项技术或方法可使软件工程的生产力在十年内提高十倍。话说 40 年后的今天，开发工具的速度及技术都已经快速进步何止百倍之多，但是由于科技的日新月异，新的装置再加上新的服务，让软件执行的环境越加复杂多变，使得软件项目的开发在复杂度的增长上也不输给开发工具成长的速度。因此每每在听到资深主管感慨地对下属说："当年我们只有一两个人就能搞定的事，今天却必须养一群人来做，还做得差强人意，真是感触良多。"这种说辞，叫人不免要为下一代的年轻工程师叫屈，是环境的复杂性造成软件在开发难度倍增的，而不是这一代年轻人不如我们。

银弹仍然不存在，我们能做的只是持续改善

还记得第 6 章里所谈到的高德拉特的"约束理论"吗？他假设任何系统都会持续地存在有限制。理想上，如果一个系统不受任何限制，它的功能就应该可以发挥到百分之百，事实上却没有任何一个系统是可以发挥百分之百的。在真实世界里限制是无法完全被根除的（也就是没有银弹的意思），而我们唯一可以做到的就是不断找出限制（运用五步聚焦法），然后加以消除，让系统能够依靠持续改善而更有效能，也因此能拥有更长的生命周期。

---

① 能够改善银弹的方法或措施很多。例如，制作活文档便是一种好方法。但能够让程序的写门槛下降，让程序变得更简单，才是治本的做法。

持续改善并不是一件容易的事

中国哲学思想对持续改善的描述当以《易经》为首。《易经》以一套符号系统来描述状态的简易、变易和不易，表现了中国古典文化的哲学和宇宙观。当然，《易经》远胜于此，这里只是假借《易经》对状态的化繁为简的变易性做一隐喻。

对于用户故事而言：改变代表的是更接近客户的需求。

负面：每一次的改变都会影响到相对的计划工作，是对资源的严重浪费。

对于工作流程而言：改变代表的是流程更趋近于完善。

负面：流程变更之后往往必须通过观察以便取得变化后的状态反馈，然后才能再以此为依据，规划下一次的改进变化。此外，流程的变更常常会牵动团队的情绪变化，这也是一种负面的冲击。

看板方法设计的初衷，是为了尽量减少变革的初始影响（initial impact），从而减少因为改革所带来的阻力。采用看板方法可以改善组织的文化并帮助组织走向成熟，形成一种持续改善的文化，这是精益精神造成的文化和组织习惯的改变，比任何一种软件开发方法影响更为深远。精益原则能指导我们对软件开发的思考和领悟，而实践则是为执行原则而采取的实际措施。看板方法不认为有所谓的最佳实践存在，我们每次的实践都需要考虑到具体的执行环境，在某一个领域中成功的实践并不一定适用于其他的领域。相对于云端这个时代，我们都知道一切都不会停止改变，唯一的不变就是它一直在变的特性。转换到看板方法的执行策略，就是唯有持续的改善才能拥有最佳产能的流程。

恭喜你终于走到这里，即将看完这本书了，这是华人世界的第一本看板方法书籍，语重心长，当丰田企业树立了这近百年来的辉煌历史，这个成就让全世界顶尖的学术人士争相出书创作，这本书也算是其中之一。我是一位软件工程师，写程序也写了三十多年，出书是为了方便喜好阅读的人能够深入思考，希望你能有所获。选择持续改善作为最后一个章节，目的是为了强调"持续改善"的重要性。

不必害怕或担心别人对我们的评价是高还是低，只要拥有一颗持续改善的心，终将达成我们的志愿。

精益开发与看板方法

LEAN SOFTWARE DEVELOPMENT:
UNDERSTANDING KANBAN METHOD

附　　　录

附录 A 精益咖啡

精益咖啡（Lean Coffee）[①]属于一种小组形式的个人看板（Personal Kanban），目标是进行集体讨论的互动学习。下面简单说明它的特色及执行步骤。

一种即兴又民主的小组讨论会议

即兴的讨论，运用简单的看板（就贴在桌上，三个垂直字段：讨论题目、进行讨论、完毕），参与的人员各自提出有兴趣的题目，然后每人两票，票选出让大家最想讨论的主题，再依优先级开始快速发言讨论，一个限时 5～8 分钟的主题讨论，小组随时可以进行是否继续讨论的表决（以简单的举拇指手势，"向上"表示继续，"向下"表示结束，"平举"表示没意见）。完全民主的自由式讨论，旨在追求"精益"（Lean）。对时间也没有特别的规定，大家觉得好就继续，小组以 4～6 人为佳。

即兴又高效的讨论方式

充分展现程序设计人员自主的个性和随兴的作风，十分适合自我管理团队的运作，只要有人发起，有人认同，短时间的沟通阐述精益的作为。太有价值了！基本上非常适合看板方法的会后可以采用的方式。下面提供两个非常基本的网站供参考，有兴趣的人可以去逛逛：

- http://leancoffee.org/
- http://limitedwipsociety.ning.com/page/lean-coffee

执行步骤

接着来说明一下精益咖啡的执行步骤（以下步骤并没有强制的规范，非常符合 精益精神，我个人非常喜欢，下面就尽可能简单说一下）。

[①] Lean Coffee 是 Modus Cooperandi 的注册商标。我们想保护这一名称，以免有人把它搞砸了。limitedwipsociety 也是 Lean Coffee 的一支。

- 步骤 1：以图 A-1 的个人看板（Personal Kanban）开始。

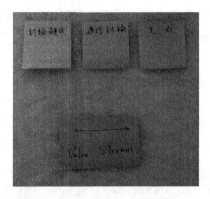

图 A-1　由三个字段的个人看板开始

如图 A-2 所示，有这些工具之后，找个桌子把它贴上去，看板中有三个垂直字段：**讨论题目**、**进行讨论**、**完成**，它们是用来描述讨论的流程。

- 步骤 2：产出讨论题目（What to Discuss）。

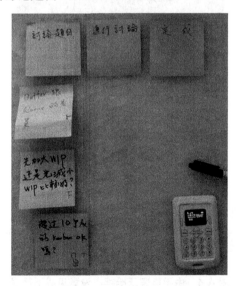

图 A-2　必须具备工具：贴纸、定时器和笔

每个人都可以提出要讨论的题目，把它写在贴纸上，贴到"**讨论题目**"的字段内。接着进行简单的表决，只要有两票以上的题目，就把它排到较高的优先级，然后启动计时 5~8 分钟，开始进行第一轮的讨论（只需要贴纸、笔、计时手机 …… coffee or tea？够了，这样就够了，但请把热情带来）。

- **步骤 3：讨论及投票（Vote and Talk）。**
  如图 A-3 和图 A-4 所示，每当讨论告一段落就来进行一次"数拇指"的表决，表决结果向上数目大于或等于向下数目时就继续讨论，否则就开始切换下一个主题。时间到，也是由表决的方式来决定是继续还是结束。

图 A-3　采用手势进行民主的表决方式

 继续　 没意见　 结束

图 A-4　由手势表示继续、没意见或不赞成

即兴又民主的小组讨论会议，参与人的心情决定一切！我在上"看板方法"课程时会不断运用这种方式进行集体学习，这里有一段如何进行精益咖啡讨论的影片可以

欣赏 https://www.youtube.com/watch？v=zhG-A-kRPAU。注意，时间长短只要适当就好，无须太坚持，有热情才是重点。

好棒的手法，是吧？还记得团队自我管理时需要制定一种"简单的规范"让大家有所依循吗？这就是了！好记、好做、又有效率，这一点跟 Scrum 的"站立会议"一样有效又迷人，推荐给大家。图 A-5 就更仔细了，读者可以从这个网址 https://uccsc.ucsf.edu/sites/uccsc.ucsf.edu/files/slides/UCCSC%20Lean%20Coffee.pdf 下载 PDF 文档来查看相关的说明。

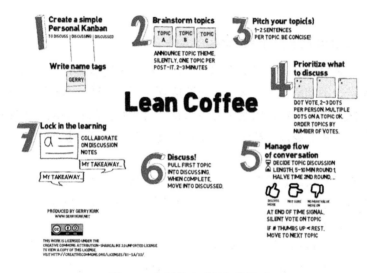

图 A-5　加州伯克利的相关说明

附录 B Scrum But 和 Kanban But

Scrum But

在执行 Scrum 时因为某些因素而必须放弃或违背部分 Scrum 准则时，就称之为 Scrum But。

反对者：敏捷开发坚持不要 Scrum But

当开发团队采用一种来"半套"的方式，而不去采用敏捷开发法的一些准则，则结果很有可能是得不到敏捷的效果，反而造成项目开发失败。因此这里呼吁想要采用敏捷开发的团队，一旦决定采用某种开发方法，请务必依照它的准则来实行，否则很容易招致失败。这并不是该方法无效，而是你没有按部就班地执行它，自然就容易失败了。

这是一个充满争议的话题！如果一定要按部就班、坚守原则的话，好像又违背了敏捷的初衷？失去敏捷所谓的高适应性——透明化、检验和适应性是 Scrum 的三大支柱（Three pillars）。

因此有了另一派说词。实在是因为某种原因，促使我们必须放弃某些有用的角色、规范或方法，而寻求其他解决之道。当然，有时候只是一种短暂的措施，随后会尽快恢复到正常的开发方式，所以就有了 Scrum But。

Scrum But 的专有语法

Scrum But 的专有语法：（Scrum But）（Reason）（Workaround）
范例

- （我们使用 Scrum，but）（回顾会议实在太浪费时间了，）（所以我们每两个 Sprint 才会进行一次。）
- （我们使用 Scrum，but）（我们的功能实在太大需要较多的开发时间来建立，）（所以我们每个 Sprint 长达六周。）
- （我们使用 Scrum，but）（我们的项目实在太大需要很多的开发人员，）

（所以我们有一个 20 人的 Scrum 团队。）

也就是我们使用 Scrum 也修改了 Scrum（Scrum Buts and Modifying Scrum）的意思。**由大处着眼来**看待它的话，由于软件开发没有银弹，因此当然也没有放诸四海皆准的开发方法，对于个别的软件开发方法实在没有必要削足适履勉强照单全收的道理。

由小处着手来看待它的话，每一种软件开发方法都有它一定的组成元素与架构，务必相互搭配才会有效益，任意改变组合当然会破坏它的效用，因此而招致失败，自然不在话下。

敏捷开发是经验主义

所谓的"经验主义"也是依照所观察到的现象来作为分析的依据，必须通过实验研究而后才去进行理论推导，因此经验在这里就显得十分可贵。这也正是所有的敏捷开发法几乎都能持续改进的原因，因为他们都是从一次又一次的过程中得到反馈，再来进行修正吸取经验，然后再以此为依据进行持续改善的。

所以每做一次便可以得到一次的经验，以这个观点来看前面的争执，便可以发现其实两者没有太大的差别，只要"做一次便知道了"，重点是要会吸取经验再做修正。当遇到非改不可的情境时，就改一次来试试看啊！结果自然会告诉我们是对与错，然后再来修正就是了，若是不敢尝试才是不敏捷的做法。但若是遇到不能反复的环境怎么办呢？遇到只能尝试一次的情境时，怎么办呢？我会建议先对环境做出改变，让它具有执行敏捷开发的基础再来尝试吧！

"小规模的渐进式改善模式"一直是敏捷开发以取得反馈后再做改进的方法（也是一种机会），是基于勇敢果决的精神，用来迅速累积经验的做法。说得简单了，如果你还有疑惑的话，请参考科恩的经典书籍《Scrum 敏捷软件开发》一书，类似的敏捷观念贯彻全书，我每次遇到瓶颈时就去翻阅这本书，推荐给大家。

Scrum Butt 测试

在教室之外便要面临真实世界的挑战，理论跟实际要做起来还真不是那么一回事儿。有空的时候，去执行一下 Scrum Butt 的测试，它会在结尾时给你一个分数，然后告诉你平均值是 51 分，请你参考。做两三回试试看你能拿到几分，分数的意义当然不大，但一旁的百分比就有意思了，它透露出来一般的平均值，试着看看自己在哪一个区间，回顾一下，还挺有意思的。Scrum Butt 测试的网址是 http://scrumbutt.me/。

虽然只是一个反面的字眼，但确实有它的重要性！如果再给我一次顾问相同团队的机会，我一定不会让他们把 Scrum But 当成只是拿来博君一笑的无关紧要话题，因为"检讨"我们累积经验的过程中占着重要的比例。下面有一些自我提醒，团队可以拿来检讨及测试自己 Scrum But 的程度，非常适合 Scrum 团队拿来做自我检视时采用，敬请参考。

- **如果在站立会议的时候，团队成员分别向 ScrumMaster 报告自己的状态，请留意贵团队执行的可能是 Scrum But。**
  在 Scrum 中，团队不是为 ScrumMaster 在工作，相反，是 ScrumMaster 为团队工作。好的 Scrum Master 会立刻提醒团队应该向大家报告，但也会默默记住哪些人需要做敏捷程度的提升。

- **如果你的开发人员不断超越测试人员的进度，你可能是 Scrum But**
  在一个 Sprint 中，团队自我管理并对工作共同负责，让他们相互超越是正向的竞争，会提升战斗力，但只有在流程顺畅协调下才能在短时间内达成任务。

- **如果你的开发团队没有进行应该有的文件制作，甚至缺少文件制作，你可能是 Scrum But**
  很多人误解 Scrum 甚至认为敏捷开发是不用制作文件的，这是严重的误解，建议参考《实例化需求》（Specification by Example）一书的说明。

- **如果你的 Sprint Demo 会议失败了，你可能是 Scrum But**
  虽然失败乃兵家常事，团队不可能每次 demo 都相当成功了，但 ScrumMaster 的职责就是要协助团队尽早发现问题，避免这种在客户面前的失败。

- **如果你的团队成员都不敢尝试新的想法，因为他们害怕可能会失败，你可能是 Scrum But**
  程序设计本来就是一种经验主义，在尝试与失败中成长是在所难免的，失败是累积经验的必经过程。

- **如果你的回顾会议开成了"对人不对事"的情形，你可能是 Scrum But**
  回顾会议应该着眼于你的工作以及团队如何在一起协同合作的方式，须经常思考如何善用工具来达成你的任务。

- **如果你坚持先将所有的使用者需求都先详细的定义清楚，再来开始你的第一个 Sprint，你可能是 Scrum But**

  传统开发方式总是习惯把需求都搞清楚后才开工，但现在的开发团队都知道需求必须随着市场的异动而改变，只是有些老板或主管还是有这种不知道是该称赞还是该骂的习惯。

- **如果你经常坚持于维持原来的发布计划而不做变通，你可能是 Scrum But**

  Scrum 是一种经验主义，有很多时候我们会以一种尝试看看的心态来进行开发工作，所以变通是一种不可或缺的属性。

- **如果你将数据指针看得比表现优异更重，你可能是 Scrum But**

  在执行 Scrum 的时候我们经常可以收集到许多的数据，不论是燃尽图还是 CFD 图都有着大量的数据可以做参考，但请务必坚守它只是做参考的原则。

- **如果你凡事都要通过管理阶层来做决定的话，你可能是 Scrum But**

  Scrum 团队必须是一个能够自我管理的团队，也只有经由这种自我管理所产生的责任感才可能让团队进取而主动。

- **如果你依据成员的角色主动指派工作事项给团队成员，你可能是 Scrum But**

  Scrum 的团队是自组织的，团队成员会因为他们有能力这么做而自动做出贡献，不应该由任何人所指派。

- **如果您对 Scrum 团队教条式的使用以上所列的这些项来制定规则的话，你可能是 Scrum But**

  敏捷的有效来自于遵循它的原则，而 Scrum 则是关于实施这些原则的精益框架。前面所列出来的项目只是用来强调这些原则用的，拿来当作规则，强制采用它，就完全不符合敏捷的精神了，只有持续追求改善才是最佳做法。

唯有坚守目标、持续改进，才能发挥 Scrum 克服复杂项目这个功能

我们很难做到百分之百的 Scrum 开发，或许做到七成或八成，但这不是重点，**真正最重要的是持续改进。**

Scrum 团队的一个共同目标是，让整个团队在 Sprint 之内完成承诺要完成的工作项目，也就是采用渐进式累积的方式来完成任务，不是一次决定生死的传统：都预先计划好的工作方式。我们都晓得写程序是一种学习的过程，而团队开发本身也是一种团队的学习模式，必须通过不断演进让团队越做越好，越能适应项目的变化，就越能提供给客户市场上真正的需求。

Kanban But

"如果在工作看板（Task board）上没有设定半成品限额（WIP），就不能说是在执行看板方法（Kanban Method）了"，这是看板之父安德森定下的唯一一条规则，也就是说当你在使用工作看板的时候，如果没有设定半成品的限额，自然就不是在执行看板方法。

但其实有几个关键的地方，我们是可以拿来评断看板方法的指数的。

- **看板墙上的工作流程与你真实的工作流程是否一致？**
  通常我们会移除那些不能控制的部分，或限定一个比较小的范围，但是不是真实反映产品线的状态，才是真正应该考虑的。
- **你是否运用 WIP 限额来调整流程的速率？**
  还是将 WIP 值设定的很大，以至于流程始终不会受阻。
- **看板墙是否有能力处理紧急事件？**
  当有紧急事件出现时，你是否会为它开辟另一条泳道来特殊处理它呢？
- **看板墙是否有能力为特别的角色进行额外处理的能力？**
  也就是有能力处理因人员角色特殊而额外开辟另一条泳道的能力？此时它是否仍有独立的 WIP 限额？

我相信你一定还可以想到更多理由可以拿来判断是否 Kanban But，不过在这里我只再加上依据精益精神的判断：

- 看板墙是否能反映出浪费？
- 看板墙是否能全面？
- 看板墙是否能尽量让决策延迟？
- 是否具有持续改善的调整行为？
- 团队成员是否能自行进行更新看板墙的拉取动作（Pull）？
- 是否持续追求产出率的改善行为？

附录 C　用户故事图谱：对付模糊需求的好帮手

用户故事图谱（User Story Mapping）能够结构化用户故事，好处多多，还能告诉我们以下几点：

- 项目该从哪里开始做起（What to build first）
- 增强学习，鼓励迭代开发（Encourage iterative development）
- 界定项目范围（Scoping the project）
- 易于规划项目（Planning the project）
- Backlog 疏理及优先级考虑（Prioritizing and grooming the backlog）
- 项目进展的可视化（Visualize project progress）

（尤其能处理模糊的需求，"层次化"在这里再次展现了它的魔力）

迅速展开的层次化模式，能解决模糊的需求

其实我最喜欢它的是层次化（Hierarchical）的规划模式，这是早该出现的用户故事规划方式了。大家还记得 IBM 早期操作系统的规划文件吗？一种叫 HIPO（Hierarchical Input Process Output）的文件制作模式，它运用在描述 OS/360、S/34/36/38 等操作系统上，是 1970 年的古董了。凡是我经手的外包开发项目，我一向采用 HIPO 来做交接文件（简单、好用又不出状况），User Story Mapping（用户故事对照）与 HIPO 确实具有异曲同工之妙。

用它来做需求规划可以让原本颗粒较大、比较难以下手的需求，迅速明确起来（试了几回，效果好极了），尤其是配合用户故事的标准描述模板（Template）：

As a <role>，I want <goal/desire> so that <benefit>

第一层针对该用户（角色），第二层是他的目标（主题），再依该目标所需要的活动（第三层）及完成该活动所需的任务（第四层）来层层相扣，形成大故事包含小故事的情境。

图 C-1 就是大故事包含小故事的情境，而我们现在所做的描述动作正是反过来用

对照的信息来说故事，这是它的另一个好处。我试着把上课的内容依听课学员的种类规划如下。

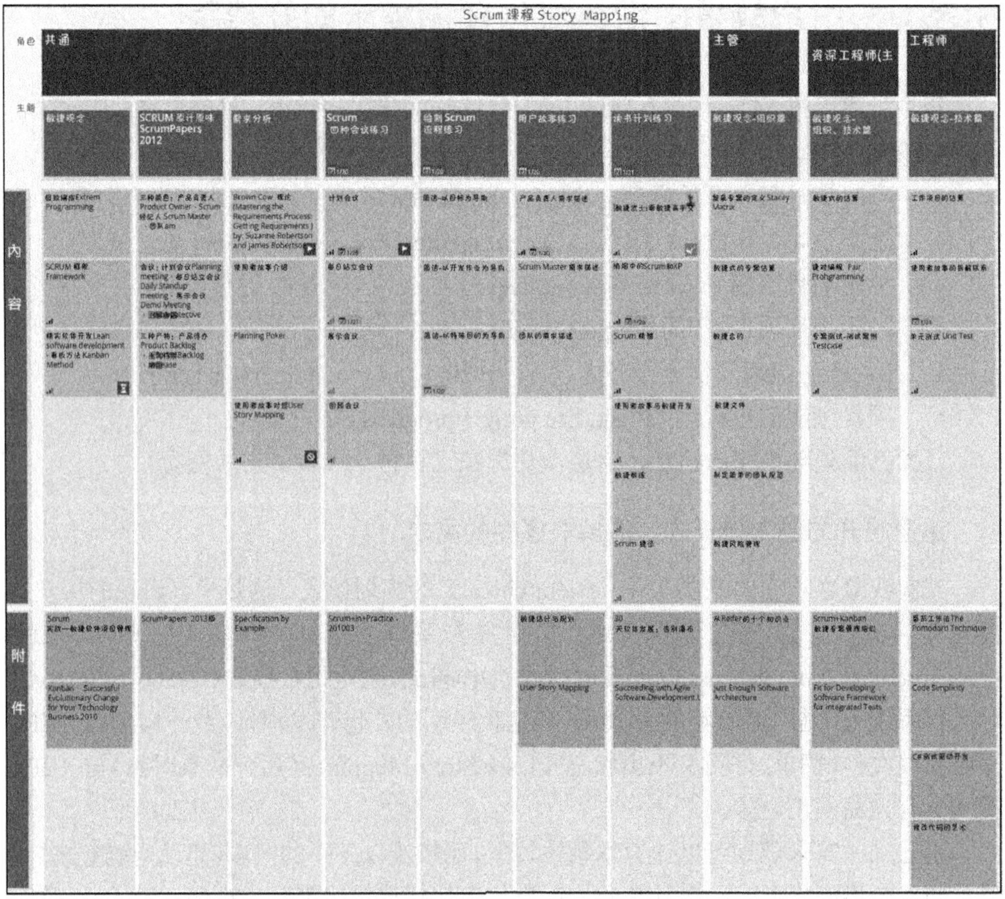

图 C-1　Scrum 课程的 Story Mapping

图 C-1Scrum 课程的内容依照以下来划分。

第一层是用户，分成共通的部分、主管级、资深工程师、工程师。

第二、三层是主要题目及细项，具体如下所示。

1. **敏捷观念**：极限编程、Scrum 及看板方法。

2. **Scrum 原汁原味**：采用 2012 年 的 Scrum 文档。

3. **需求分析**：Brown Cow 理论说明，采用罗伯特夫妇所写的《掌握需求过程》
   （*Mastering the Requirements Process：Getting Requirements*）。

4. **召开 Scrum 四种会议的练习**：Planning meeting/Standup meeting/Review
   meeting/retrospective meeting。

5. **绘制 Scrum 流程练习**：请学员分别以目标、开发工作、特殊目的做主题，
   绘制 Scrum Process 图。

6. **用户故事练习**：产品负责人做需求描述、Scrum Master 及团队成员做需求描述。

7. **读书计划练习**（分别参考以下书籍）：
   - 《敏捷武士：看敏捷高手交付卓越软件》
   - 《硝烟中的 Scrum 和 XP》
   - 《Scrum 精髓》
   - 《用户故事与敏捷开发》
   - 《敏捷教练》
   - 《Scrum 捷径》
   - 《30 天软件开发：告别瀑布，拥抱敏捷》
   - 《Scrum 敏捷软件开发》

8. 针对主管的敏捷项目说明：
   - 复杂项目的定义 Stacey Matrix
   - 敏捷式的项目估算
   - 敏捷合约
   - 敏捷文件
   - 制定简单的团队规范
   - 敏捷风险管理

9. 针对资深工程师：
   - 敏捷式的估算
   - 结对编程
   - 项目测试 - 测试案例

10. 针对工程师：
    - 工作项目的估算

- 用户故事的拆解练习
- 单元测试

第四层是参考数据。

1. **针对主管**："Reifer 的十个知识点"及"Just Enough Software Architecture"。

2. **针对资深工程师**："Scrum+Kanban 敏捷项目管理培训"加上"Fit for Developing Software Framework for Integrated Tests"。

3. **针对工程师**：《番茄工作法》、《简约之美—软件设计之道》（*Code Simplicity*）、《C#测试驱动开发》和《修改代码的艺术》。

用户故事图谱的一个特色就是在你对照完成之后，可以反过来按着表格把一块一块的故事说一遍，采用这种方式跟客户进行确认故事的描述是否正确（这一点很像过去做系统访谈时，最后总要把内容梳理一遍，让客户确认）。例如图 C-1 中所分类的三种使用者，在第四层参考数据的地方"1）针对主管"我们取用"Reifer 的十个知识点"作为参考，目的是说明通过过去的统计资料来说明采用 Scrum 这种开发架构（不）适用于哪些范围。

附录 D　敏捷开发需要哪些文件

"敏捷文件"（Agile Documentation）？敏捷开发不是只要会动的源代码就好了的吗？

"客官，不要开玩笑了！关于敏捷开发不写文件的传说，那只是神话！"

没有文件的程序就像孤儿一样，没人认得出来！而没有文件的项目，就像走私一批货物一样，少一样或是多一样也没人知道！你会让辛辛苦苦写出来的程序像孤儿一样没人照料吗？

再说，虽然源代码是最佳的文件，但也是最不容易阅读的文件，所以单单依靠程序代码来说明它自己是不够的。单独的程序代码是孤儿，没有人知道它是做什么的，更不知道该如何对待它，所以需要一些足以代表它的说明，最好的说明当然就是文件啦！

所以程序需要文件来替它加以说明，更需要测试程序来保证它的好坏，也需要系统架构以便进行维护运作。

三种基本必备的文件如下。

- **需求说明文件**：做说明用。
- **系统概述文件**：方便运维。
- **活文件**：提供自动化测试的基础。

请注意，文件不是好的沟通工具，是不得已的时候才采用的沟通工具。最好的沟通方式，首先是面对面站在白板前面的沟通方式，其次是通电话用声音来沟通，或是用邮件。对沟通而言，文件是单方面的，必须耗费较多时间又容易产生误解，是一种不良沟通方式。

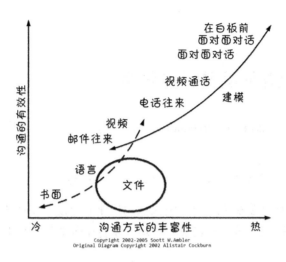

图 D-1　文件不是好的沟通方式

在开始动手写文件之前，有几件事必须先弄清楚。

文件是写给谁看的

很多人在写文件的时候，忽略了自己准备开始写的这份文件，是写给谁看的？他们可能是下面几类人。

- **客户**：对软件项目而言，文件的第一大要求者是客户，文件是客户投资的回报之一。
- **自己**：思考、规划的草稿。
- **团队**：成员相互沟通用。
- **记录**：手机拍照是绝佳的记录。经常有人是写给老板或主管看的，就当成是记录吧。

针对客户你必须先弄清楚以下几点。

1. 谁是真正的客户？
2. 他们需要的是什么样的文件？
3. 你要如何提供给他们？
4. 你要如何让他们能够很快了解？
5. 你如何产出文件？

6. 你该放进去什么？

文件是交接时的必备对象

程序设计师要学会如何把程序交接给自己，这与学习"面对对象"（OO）是一样重要的事情，如果找不到或甚至看不懂自己写的程序，试问如何重用呢？又何必实例化？

最需要文件的人是客户，然后就是程序设计师自己。客户是为了保障他的投资，我们则是重用，千万不要丢弃辛辛苦苦做好的对象化功能，一定要学会为重用而设计（Design for reuse），如图 D-2 所示。

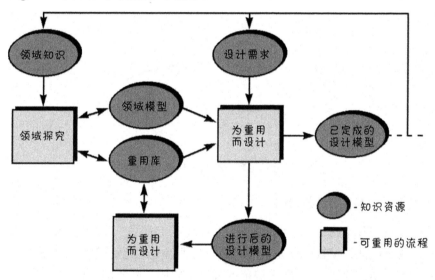

图 D-2　Design for Reuse 与我们积极做对象化（OO）一样重要

（参考自 http://www.cad.strath.ac.uk/~alex/aiedam96/ml-abstract.html）

版本控制文件及程序

文件及程序是团队共有的资产。对程序而言，极限编程 XP 首推"集体程序代码共有"（Collective Code Ownership）的概念，让团队共同拥有程序，不但可以降低维护的困难，还可以让大家看看那些厉害的家伙是如何解决问题的。对文件而言，如同完美而简洁的程序令人心生佩服一般，干净有序的文件能够赢得同侪之间的尊敬

（再说，没有文件是很难看懂厉害的程序的）。

文件制作的价值观：刚刚好及四个准则

文件包含"概述部分"与"明确描述"两部分，二者都必须遵守文件的敏捷规范。

1. 一定要维持轻量化（lightweight），刚刚好就好（见图 D-3）。
2. 产出文件一定要维持高质量，也就是具有以下特点：准确、最新的、高可读性、足够简洁、严谨的结构。
3. 写文件必须采用方便、易开发维护并能够产出高质量文件的工具。
4. 明确描述的文件部分，必须可以跟着程序代码做改变，即与程序同步。

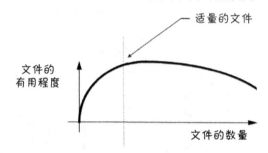

图 D-3　文件多寡与其有用程度曲线图

跟架构设计一样：浮现式文件

不能在项目一开始就把架构设计的工作做完，因为需求一直在变所以设计也必须跟着改变，这是敏捷开发较难以完备的一面。另外就是单元测试（Unit test）和测试开发（TDD），这二个被 XP 严格规范的程序员守则，随时随地做测试的高难度习惯，也很少人做得好。把他们引申到文件的开发上，你会发觉难度更高，几乎找不到程序设计师愿意一边写程序一边写文件的，但这个动作便是所谓的"浮现式文件"（Emergency Document）。

TIPS
写文件的时机：Before/ After

撰写程序文件的最佳时机，是在程序被认可为完成（Done）的时候，让逻辑思绪做好最后的收敛动作，才是真正的 Done。（往往它可以帮你又找到许多逻辑思维上的缺陷！）但很少人会这么做，这就好像要我们必须养成每天记账的动作，大家都知道只有每天记账才会知道钱都花到哪里去了？可是你很难找到一个人会这么做。

刚刚好就可以

这是所有教敏捷开发的书上都会提到文件制作的不二守则，然后就没再说什么了，因此久而久之大家便把敏捷开发不做文件的神话当真了！其实是"浮现式写文件"的严谨态度太难，而这些讲敏捷的书是害怕强调文件制作会让人们把注意力放错地方了（注意，是"正确的程序"）。敏捷宣言第二条所说的**"可用的软件重于详尽的文件"**，就被拿来作为不写文件的借口，其实详尽的文件虽然不如可用的软件重要，但一样不可或缺。

那么，敏捷开发需要什么文件呢？

- 如图 D-4 所示，提供概述部分的 Big Picture 的文件。
    - "需求说明"文件：能让人很快弄清楚程序目的的文件。
    - "系统概述"文件：能让人很快弄清楚系统架构的文件（用户故事对照是最佳的文件之一）。
- 提供明确描述的活文件（Living document），比如图 D-5 所示的测试案例文件。

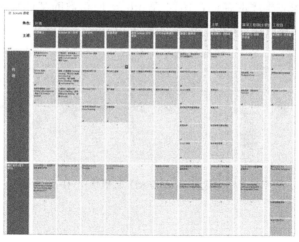

图 D-4　结构化的说明文件

解决“没有银弹”的活文件，活文件提供自动化测试的基础。能够伴随着程序开发同步更新的文件谓之“活文件”。

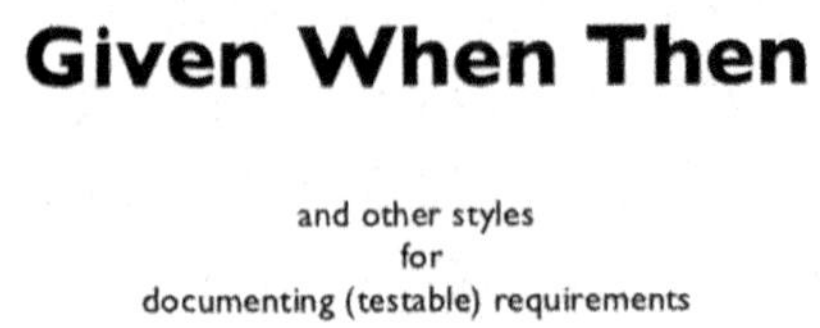
Given When Then
and other styles
for
documenting (testable) requirements

图 D-5　以测试案例为文件

迈向未来的文件

在开始动手写文件之前，请先思考部门或组织对文件的需求，运用未来的科技它应该会长成什么样子呢？用未来观去看待它，写起文件来心情会好一些！如图 D-6 所示，或许文件会像对程序的描述，由像 Word 一般松散的文件制作，迈向结构化的多元结构，再走向模块化（Pattern）的样式。

《结构化》
《模块化》
Easy to Use
Browser Based
Powerful
Mapping with Object

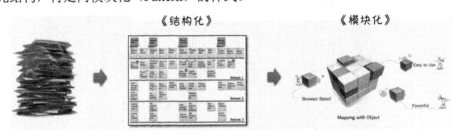

图 D-6　结构化（Structured）和模块化（Pattern）